AF469857

OPUSCULE

SUR LA

VINIFICATION,

Traitant des vices des méthodes usitées pour la fabrication des Vins, et des avantages du Procédé de M.lle ÉLISABETH GERVAIS, *brevetée du Gouvernement par ordonnances de S. M. Louis XVIII, pour la même fabrication ;*

CONTENANT plusieurs Rapports sur les avantages de ce procédé, et les lettres de M. le Comte CHAPTAL, Pair de France, et de M. le Comte FRANÇOIS DE NEUF-CHATEAU, à M.lle ÉLISABETH GERVAIS, sur l'importance de sa découverte ;

PAR J.n ANT.e GERVAIS,

Membre de la Société d'Encouragement pour l'industrie nationale, et de plusieurs autres Sociétés savantes.

A MONTPELLIER
De l'Imprimerie de J.-G. TOURNEL, place Louis XVI, n.o 57.

1821.

AVERTISSEMENT.

PARTOUT où le raisin mûrit, le vin qui en provient doit être plus ou moins parfait, s'il n'est altéré par une fabrication vicieuse ; mais en considérant dans le savant tableau de l'*Industrie Française* du célèbre M. le Comte Chaptal, cette immensité de vins ordinaires que nous récoltons en France, et la petite quantité que nous en trouvons de supérieurs, nous ne voyons déjà que trop de sujets de nous plaindre des effets qui résultent des vices reconnus aux méthodes usitées pour la fabrication des vins, sans chercher à ajouter de nouvelles causes à leur apauvrissement et à leur discrédit. Mais le sentiment de l'intérêt, ce grand moteur de toutes les actions humaines, en rapportant tout à ses desseins, persuada au cultivateur que sa fortune dépendait de la quantité de vin qu'il aurait. Dès-lors, sans respect pour leur qualité et sans égard pour ses premiers besoins, la terre qui produisait le meilleur bled, fut plantée pour remplir la cave de vin commun. Depuis ce temps, il a doublé la quantité de ses vins, et par la nécessité de relever la faiblesse du mauvais, il dénature le produit des vignes vieilles par l'amalgame de toute sa récolte. Cependant, pour bien servir ses spéculations, le Négociant se confie toujours sur la renommée dont jouissaient ces vins ; mais comme ils ne possèdent maintenant que les noms des qualités qu'ils n'ont plus, il perd sa confiance et sa fortune, pendant que le cultivateur se ferme les moyens du débouché.

Tel est l'effet que nous devons attendre de cette grande quantité de vin qui inonde la France, si par tous les moyens possibles, les propriétaires de vignobles ne s'empressent, en perfectionnant leurs produits, d'en faire augmenter la consommation nationale et l'exportation à l'étranger ; et c'est ainsi seulement qu'ils peuvent coopérer à leur fortune et à la prospérité du commerce des liquides.

Dans cette hypothèse, de quel prix ne doit-on pas estimer le nouveau procédé que je viens faire connaître pour la fabrication des vins ? Augmenter leur quantité ; l'enrichir de tous les principes les plus précieux à leur composition ; les dépouiller de tous les corps étrangers qui altèrent leur finesse et leur beauté, et les soustraire constamment aux influences qui peuvent vicier leurs principes : tels sont les effets qui résultent des fonctions qu'il opère pendant la fermentation.

Mais pour mieux faire apprécier les avantages de ce procédé, j'ai cru convenable de faire connaître au lecteur, les imperfections que nos savans agronomes ont reconnu aux méthodes ordinaires, et le préjudice qu'elles causent aux vins qui en proviennent; et afin que mes citations ne puissent point être révoquées, c'est dans nos plus célèbres écrivains que je les ai choisies. Ce sera donc principalement MM. le Comte Chaptal, l'Abbé Rozier et Dom Le Gentil qui diront au lecteur ce qu'ils ont observé contre la vinification ordinaire. Qui pourrait refuser de croire à des autorités aussi respectables ! Le Gentil, qui consacra toute sa vie à la science œnologique, pour l'éclairer et l'enrichir par les plus précieuses observations ! l'Abbé Rozier ! .... est-il nécessaire de son éloge pour le faire connaître? N'est-il pas toujours, par ses immortels écrits, le mentor de l'homme des champs et l'ami de l'humanité ? Enfin, que pourrais-je dire de M. le Comte Chaptal qui ne fût au-dessous de ce qu'en pensent le lecteur et l'Europe savante! dirai-je qu'il voulut cesser d'être le premier Ministre de la puissance humaine, et devenir celui de la nature, afin d'instruire l'agriculture, perfectionner les manufactures, embellir les arts, pour le bonheur et la gloire de sa patrie ? Tout le monde le sait ; mais ce qu'il y a de plus glorieux encore, c'est de voir ses vertus philantropiques rivaliser en lui la gloire du génie.

Après avoir fait une esquisse de l'imperfection des méthodes usitées, je passe à la description et aux fonctions du procédé que j'annonce. Enfin, l'analyse des phénomènes et des résultats des méthodes ordinaires, appuyés toujours par nos savans observateurs, et comparés aux phénomènes et résultats du nouveau procédé, justifiés par des attestations irrécusables, terminent ce petit ouvrage, que j'ai entrepris à la sollicitation d'un grand nombre d'amis qui l'attendent avec impatience, et dans l'intérêt du public, auquel je l'offre avec d'autant plus de confiance que je croirais fort difficile de pouvoir l'entretenir de rien de plus utile.

OPUSCULE
SUR LA
VINIFICATION.

PREMIÈRE PARTIE.

Chapitre Premier.

De la vigne et de son fruit, ou de la matière du vin.

La vigne est le plus précieux de tous les arbrisseaux ; c'est elle qui produit le raisin, dont nous faisons le vin, par le secours de l'art.

Deux conditions principales renferment

tout ce qui est nécessaire pour obtenir un bon vin; 1.o la bonne qualité des raisins; 2.o l'art de faire le vin par une bonne méthode.

La manière d'élever et de cultiver la vigne ; la nature et l'exposition du sol qui la porte ; la qualité de l'espèce qui lui convient ; le climat ; le moment favorable pour la vendange; enfin, la manière de la bien faire, sont les principales connaissances que doit posséder le vigneron, pour obtenir et récolter un bon fruit.

Sans doute que toutes ces connaissances étaient au-dessus des facultés de l'homme-des-champs; mais grâce aux écrits de MM. le Comte Chaptal, l'Abbé Rozier, Duhamel et autres, il lui suffit maintenant de savoir lire pour diriger ses travaux dans les perfections que la science et l'art peuvent offrir de mieux. Veut-il, par exemple, planter sa vigne; connaître le sol le plus propice; la position la plus heureuse; la qualité de vin qu'il aura ? En deux mots l'Abbé Rozier va l'instruire : « La forte » transpiration de la vigne et sa succion

» véhémente, lui dira-t-il (1), indiquent » le sol qui lui convient. Par cette raison, » une terre composée de sable, de gravier, » de cailloux, de roches pourries, est ex» cellente pour sa culture; la terre sablon» neuse produit un vin délicat; la roche » brisée un vin fumeux, généreux et de » qualité supérieure; la terre forte, franche, » froide, compacte, humide, qui s'affaisse » aisément, que le soleil durcit, nuit essen» tiellement à la qualité du vin. L'expo» sition la plus avantageuse est celle d'un » coteau tendant de l'Orient au Midi, et sur » lequel le soleil darde ses rayons pendant » le plus long-temps possible. Les coteaux » voisins de la mer et des rivières sont » à préférer à tous; la partie inférieure » est moins avantageuse que la supérieure, » et toutes deux ne valent pas la partie » mitoyenne ».

C'est ainsi que dans tous les actes de son art, avec les secours de ces célèbres agronomes, le cultivateur nous prouvera,

(1) Dans son Mémoire couronné par l'acad. de Marseille.

par ses merveilles et ses succès, jusques à quel point leurs lumières et leurs observations ont pénétré les secrets de la nature en faveur de l'humanité!

Mais ce haut point de perfection auquel les secours de la science ont porté l'art d'élever la vigne et de perfectionner ses produits, ne suffisait point à la vinification; il fallait encore trouver le moyen de remédier aux imperfections que nous allons démontrer dans les méthodes usitées pour la fabrication du vin, afin d'arriver au perfectionnement et aux avantages que nous verrons après, dans le procédé que j'indiquerai.

Chapitre Second.

Du vin et de la nécessité de le mieux faire.

Le vin est le plus beau présent que la nature et l'art aient fait à l'homme. C'est la liqueur qui flatte le plus le goût, et dont l'usage, selon le savant auteur du Spectacle de la Nature, porte partout la vivacité et la joie! Sans le vin les meilleurs mets sont insipides: rien ne peut le remplacer ni consoler de son absence. Ses doux effets dissipent la tristesse et répandent la sérénité sur le front. Aussi selon Salomon, a-t-il été créé pour fortifier et réjouir le cœur de l'homme: c'est le Pégase des poëtes (1) et le lait des vieillards (2).

Tel est le mérite et les effets de ces bons vins qui par la richesse des principes qui les constituent, supportent les vicissitudes qu'ils éprouvent; pendant qu'une infinité d'autres vins moins généreux, ne pouvant résister aux vices des méthodes usitées pour leur fabrication, succombent aux altérations qu'ils subissent et deviennent la source d'une infinité de maladies qui nous accablent.

Cependant la nature n'avait pas moins donné au fruit de ces vins les moyens de former une liqueur salutaire: elle voulait nous offrir en eux des vins plus petits,

(1) Athénée.

(2) Avic. § I, cap. 8.

plus légers et par-là, plus agréables et plus convenables aux constitutions et aux tempéramens qui les réclament, pendant que les constitutions et les tempéramens opposés auraient usé de préférence des vins forts et généreux. Mais l'art de la vinification n'était pas encore assez perfectionné pour conserver au vin tout le mérite et l'agréable qui dérivent des principes qui le forment; il lui manquait encore le procédé de M.lle Elisabeth Gervais, ma sœur, que je viens faire connaître au public, comme l'invention la plus complète et la plus parfaite pour la fabrication des vins: non-seulement cette invention garantit les vins de toutes les altérations qu'ils éprouvent, mais en leur conservant encore le gaz, l'esprit et le parfum, qu'ils perdent par la fermentation selon la méthode ordinaire, ils deviennent infiniment plus précieux en qualité, plus riches en esprit et en parfum, et par-là même, ils augmentent en volume et en quantité de 10 à 15 pour 100.

Pour mieux faire apprécier l'importance

de cette découverte, et avant d'en développer les avantages, jetons un regard avec nos célèbres œnologues, MM. le Comte Chaptal, Rozier, Le Gentil et autres, sur les vices reconnus dans les méthodes usitées pour la fabrication du vin, et nous reconnaîtrons comme eux, combien il nous importe de les perfectionner.

CHAPITRE TROISIÈME.

De la défectuosité des méthodes usitées.

Si les connaissances apportées dans l'art d'augmenter et de perfectionner la qualité du raisin, sont infiniment précieuses pour le vin qui doit en provenir, elles ne suffisent point pour assurer la perfection du vin; il faut encore que la méthode employée pour sa fabrication, soit favorable à la fermentation, afin de conserver à la liqueur toute la perfection que le fruit possède.

Malheureusement, jusqu'à nos jours, tout ce que la science et l'expérience ont pu faire, n'a servi qu'à nous donner une plus grande connaissance de l'imperfection des méthodes connues, et à nous faire désirer la découverte d'un procédé qui, en obviant à tous leurs vices, garantît le vin des altérations et des pertes qu'il éprouve durant sa fabrication.

Pénétrée de l'imperfection de ces méthodes, et dans la vue bienfaisante de sauver au cultivateur une partie des pertes qu'elles occasionnent, la Société Royale des sciences de Montpellier, proposa pour prix académique de « Déterminer par un » moyen fixe, simple et à portée de tout » cultivateur, le moment auquel le vin en » fermentation dans la cuve, aura acquis » toute la force et toute la qualité dont il » est susceptible? (1) » Par ce moyen on aurait sauvé, du moins, toutes les pertes et les altérations qui résultent d'une trop longue cuvaison, et cette question importante était bien digne de l'esprit philantropique qui l'avait inspirée; mais le mémoire couronné fut bien loin de justifier les promesses de son auteur et les espérances de la Société,

(1) Année 1780.

puisque le moyen qu'il indiquait ne fut d'aucun succès dans nos contrées. En récompense, cette question devint très-précieuse à la science œnologique, en donnant lieu au savant Mémoire de M. Le Gentil, que j'ai cité si souvent; et comme ce que je pourrais en dire ne vaudrait pas l'éloge qu'en a fait l'Abbé Rozier, je me fais un devoir de le rapporter ici, afin de fixer le lecteur sur le mérite de ce savant œnologiste. « Le Mémoire sur le Décuvage » des vins, par Dom Le Gentil, Prieur de » Fontenet, et membre de plusieurs Aca» démies, offre des observations impor» tantes; je ne pense pas qu'il ait encore » paru aucun ouvrage plus parfait en ce » genre; il décèle le chimiste et le physicien » le mieux instruit, le praticien le plus » éclairé, et l'observateur le plus exact : » je ne puis trop le remercier publiquement » en reconnaissance du plaisir que m'a fait » la lecture de son ouvrage, et de l'utilité » dont il sera à tous les cultivateurs des » vignes (1) ».

(1) Cours complet d'agriculture, tome IV, page 609.

Chapitre Quatrième.

De la fermentation spiritueuse, selon la méthode ordinaire.

Par la vendange et le foulage des raisins, tous les principes qui constituent le moût se trouvent mêlés et confondus dans la cuve. Parmi ces principes les plus essentiels à la fermentation du vin, sont le sucre et la levure, qui se trouvent en contact dans la partie aqueuse.

L'action de la chaleur, le contact de l'air et le volume de la masse, sont encore les causes qui influent le plus sur la fermentation spiritueuse.

« Au dessous d'une chaleur de 10 degrés » du thermomètre de Réaumur, la fer- » mentation languit; elle n'a même plus » lieu à une température très-froide (1) ».

Mais à une chaleur de 10 à 12 degrés du thermomètre de Réaumur, la fermen-

(1) Plutarque, Quest. Nat. 27.

tation spiritueuse s'établit par un mouvement excité dans la masse, par l'action que les fermentescibles et tous les autres corps qui se trouvent mêlés dans la partie aqueuse, exercent les uns sur les autres : alors tous ces principes se décomposent et se combinent tellement ensemble, qu'il en résulte un produit nouveau, qui est le vin, tout différent des principes dont il émane.

Cependant, tous ces phénomènes ne pourraient s'effectuer sans danger, si l'acide carbonique, qui se dégage du corps muqueux, se trouvait comprimé, et c'est pour cette raison que d'après M. le Comte Chaptal « la soustraction au contact de » l'air ralentit le mouvement, menace » d'explosion et de rupture, et que la » fermentation n'est complète qu'à la lon» gue (1) ».

« Ainsi, dit-il encore, pour qu'une fer» mentation s'établisse et parcoure ses » périodes d'une manière prompte et ré-

(1) M. le Comte Chaptal. Art de faire le vin, p. 110.

« gulière il faut une libre communication
» entre la masse fermentante et l'air at-
» mosphérique; alors les principes qui se
» dégagent par le travail de la fermentation,
» sont versés commodément dans l'atmos-
» phère qui leur sert de véhicule, et la
» masse fermentante, dès ce moment,
« éprouve, sans obstacle, des mouvemens
» de dilatation et d'affaissement (1) ».

» A température égale, selon Le Gentil (2),
» et toutes les choses égales, plus la masse
» de la vendange sera grande, plus il y
» aura d'effervescence, de mouvement et
» de chaleur, et le vin sera plutôt fait ».

Telles sont en abrégé les principales conditions que l'expérience a sanctionnées pour que la fermentation ordinaire puisse s'exécuter. Voyons maintenant ce que nos savans observateurs ont reconnu de vicieux dans cette même fermentation, et bornons-nous à examiner avec eux, ce que la chaleur et le mouvement, le manque de principe sucré, la nécessité reconnue

(1) M. le Comte Chaptal, Art de faire le vin, p. 109.

(2) Chapitre I n.° 6.

de décuver avant la fin de la fermentation, et l'action de l'air atmosphérique, causent de préjudice à la qualité et à la quantité des vins fermentés par la méthode ordinaire.

Chapitre Cinquième.

Des pertes que la chaleur et le mouvement occasionnent à la fermentation spiritueuse, par la méthode ordinaire.

Nous avons dit et reconnu avec tous les bons observateurs, qu'une température de 10 à 12 degrés du thermomètre de Réaumur était favorable à la fermentation spiritueuse : alors l'acide carbonique qui se dégage, donne le mouvement à toute la masse qui s'agite, et par une suite de ces phénomènes, la température augmente, le principe aqueux se dilate et tous les corps qui y nagent augmentent de mobilité, de vitesse, et reçoivent nécessairement des collisions plus ou moins continuelles et plus fortes.

» Cette chaleur, ce mouvement, nous » dit Le Gentil (1), étaient nécessaires pour » convertir promptement et simultané- » ment le corps muqueux en esprit ardent; » mais on doit observer encore, que dans » ce degré de chaleur et de mouvement » partie de l'esprit ardent s'évapore, et plus » il s'en évaporera moins il restera de corps » muqueux lors du tirage, parce qu'il est » prouvé que la présence de l'esprit le » garantit de la fermentation; qu'il est » prouvé aussi que le corps muqueux con- » serve la liqueur; que d'ailleurs l'esprit » est, par lui-même, incorruptible et con- » servateur de la liqueur.

» Selon M. le Comte Chaptal (2), il y a » déperdition d'une portion d'alcool par » la chaleur et le mouvement rapide que » produit la fermentation; et une grande « cuve donnant lieu au développement » d'une plus forte chaleur, occasionne la » volatilisation d'une portion du bouquet.

(1) Mémoire sur le Décuvage.

(2) Art de faire le vin, pag. 114.

» Mais, selon Le Gentil (1), ce n'est » pas le seul mal à redouter; car si la petite » quantité de matière sucrée qui reste à » la fin de la fermentation, peut, par une » chaleur aussi grande, passer rapidement » et promptement de la fermentation spi- » ritueuse à l'acéteuse, le vin qui l'accom- » pagne dans cette cuvée, court le même » danger indubitablement; je ne vois rien » qui puisse retarder sa conversion en vi- » naigre : au moins est-il assuré qu'on ne » pourrait mieux procéder pour l'obtenir » tel, car il n'est point de circonstances » plus convenables, pour faire le vinaigre, » que la grande chaleur, et le mouvement » dans un vaisseau ouvert.

« Sans chaleur, nous dit l'Abbé Rozier (2), » point de fermentation quelconque; mais » trop de chaleur accélère sa rapidité, la » pousse trop vîte; et au lieu de triturer » uniformément les parties constituantes » du raisin et du fluide dans lequel elles » nagent, les brise plutôt qu'elle ne les

(1) Mém. sur le Décuvage.

(2) Cours complet d'agriculture, tom. IV, p. 471.

» divise. Dans ce cas, l'air fixe et le phlo» gistique, ou principe inflammable, se » dégagent avec impétuosité, et la liqueur » produite par cette fermentation turbu» lente, n'est pas susceptible de se con» server aussi long-temps que si la fermen» tation avait été modérée et graduelle; ce » vin aigrira facilement ».

Chapitre Sixième.

Du préjudice que le manque du principe sucré occasionne au vin fabriqué par la méthode ordinaire.

On sait que plus le principe sucré se trouve en abondance dans le raisin, plus la liqueur qui en provient est spiritueuse.

Mais il est des années où des pluies abondantes qui surviennent à l'époque des vendanges augmentent considérablement la partie aqueuse du moût : d'autres fois c'est le froid de la saison ou du climat qui ne permettent pas au raisin de parvenir à un point de maturité parfaite. Dans tous ces cas, le raisin contient plus d'eau et plus de levure qu'il n'en faut pour décomposer le sucre formé dans le fruit.

« Dans un moût semblable, suivant M. » le Comte Chaptal (1), la fermentation est » tardive, difficile ; et en l'abandonnant à » elle-même, on ne peut obtenir qu'un » vin faible, délayé, peu spiritueux, sus- » ceptible de passer à l'aigre ou de tourner » au gras, par une suite de la surabon- » dance du levain qui reste après la fer- » mentation spiritueuse ou la décompo- » sition et disparition du sucre ».

» Plus la fermentation sera longue et » tardive, nous dit Le Gentil (2), plus la » liqueur aura perdu d'esprit ardent, et » plus le corps muqueux se décomposera, » au point même que lorsqu'on tirera le » vin de la cuve, il n'y restera qu'une » très-petite quantité d'esprit ardent, et » peut-être, pas un atome du corps mu- » queux. Aussi les vins faits de raisins

(1) Art de faire le vin, pag. 125.

(2) Mém. sur le Décuvage.

» peu mûrs, ou de raisins aqueux ne
» sont pas de garde ».

Chapitre Septième.

Du préjudice qu'éprouve le vin par la nécessité reconnue de décuver avant la fin de la fermentation.

La plus grande preuve que l'on puisse produire pour faire juger de la défectuosité des méthodes employées dans la fabrication du vin, se trouve dans la nécessité de le décuver avant que la fermentation sensible soit finie, c'est-à-dire, avant que le vin ne soit fait : « Le vin n'est pas assez
» fait, dit Le Gentil (1), tant que la partie
» sucrée se fait sentir ; il est évident que
» cette saveur sucrée nous annonce qu'il
» existe encore du moût dans la liqueur;
» cependant après que la liqueur sucrée a
» disparu et a fait place totalement à la
» saveur vineuse, le vin devient grossier.
» Il faut donc le décuver de suite, parce que

(1) Mém. sur le Décuvage.

« la chaleur et le mouvement de la fermen-
» tation de beaucoup trop supérieurs aux
» besoins actuels de cette liqueur et à ceux
» de cette petite partie sucrée, fera bientôt
» passer cette petite partie sucrée, de la
» fermentation spiritueuse à la fermenta-
» tion acide, et le vin formé avant elle
» s'aigrira, etc. »

Mais si pour sauver la perte du vin on le décuve au moment indiqué, c'est-à-dire, à l'instant que la saveur sucrée disparaît, on ne fait que substituer un remède palliatif à un mal incurable : la chaleur et le mouvement se trouvant encore très-actifs dans la fermentation, la liqueur sera agitée et chargée de tous les corps hétérogènes, dissous ou non-dissous, qui, se joignant à la levure, l'accompagnent dans les vaisseaux pour l'aider à détruire le peu de corps muqueux que le vin renferme encore, et l'entraîner à une décomposition qui ne peut être tout au plus que retardée par tous les moyens conservateurs que l'art emploie.

Chapitre Huitième.

Des effets de l'action de l'air sur la fermentation spiritueuse.

Nous avons démontré (page 19) que la soustraction du contact de l'air ralentissait le mouvement, menaçait d'explosion et de rupture, et que la fermentation n'était complète qu'à la longue; mais si l'action de l'air atmosphérique est reconnue indispensable dans la fermentation ordinaire, elle y est aussi d'un effet bien funeste. Non-seulement elle favorise la dissipation de l'esprit ardent, causée par la chaleur et le mouvement de la fermentation, entraîne l'acide carbonique avec l'esprit et le parfum qu'il contient dans un état de dissolution; mais encore elle attaque tous les corps solides et liquides de la masse fermentante, altère leurs principes, et amènerait bientôt la décomposition du vin, si tous les moyens employés n'eussent pour but de modifier son action.

De tous les temps, ses ravages avaient occupé les agronomes et avaient été le sujet d'une infinité d'écrits, de méthodes et de recettes plus ou moins favorables pour en corriger ou pour en masquer les effets ; mais tous ces faibles moyens étaient trop au-dessous de ce que l'homme célèbre, qui est l'organe de la nature dans tous les arts chimiques, avait reconnu nécessaire, pour ne pas porter son génie à indiquer le spécifique que la nature attendait de l'art pour compléter la vinification : « Si » le vin fermenté dans des vases fermés, » nous dit-il (1), est plus généreux et » plus agréable au goût, la raison en est, » qu'il a retenu l'arome et l'alcool qui se » perdent en partie dans une fermentation » qui se fait à l'air libre ; car, outre que » la chaleur les dissipe, l'acide carbonique » les entraîne dans un état de dissolution » absolu ».

« Le libre contact atmosphérique pré» cipite la fermentation et occasionne une

(1) M. le Comte Chaptal, article Vin du grand Dictionnaire de l'Agriculture, tome X, page 312.

« grande déperdition des principes en alcool » et arome, tandis que, d'un autre côté, » la soustraction de ce contact, ralentit le » mouvement, menace d'explosion et de » rupture, et la fermentation n'est com- » plète qu'à la longue. Il est donc des » avantages et des inconvéniens de part et » d'autre : peut-être serait-il possible de » combiner assez heureusement ces deux » méthodes, pour en écarter tout ce qu'elles » ont de vicieux. Ce serait là, sans contredit, » le complément de la vinification ».

C'est ainsi que cet homme célèbre, en s'élevant au-dessus de ce qui est fait, voit et assigne d'un regard de son génie, tout ce qui reste à faire. Eh bien ! ce qui restait à faire est fait! le procédé que je vais décrire, dans la seconde partie de ce petit ouvrage, assure tous les avantages désirés et prévient tous les inconvéniens à craindre. Il est donc, *sans contredit, le complément de la vinification.*

SECONDE PARTIE.

Chapitre Premier.

De la nécessité du procédé.

Du 40.me au 50.me degré de latitude, chaque pays, chaque terrein fournit un vin plus ou moins supérieur, selon que la nature du sol, sa position, la qualité de l'espèce et le degré de température y coopèrent. C'est aussi de l'heureux ensemble de tous ces avantages que nous proviennent ces vins précieux qui enrichissent les provinces qui les possèdent, et qui font les délices de ceux qui les consomment.

Mais pourquoi faut-il qu'en proportion d'un pays ou d'un coteau privilégié de tous les dons de la nature, pour produire un vin exquis, un nombre infini d'autres pays ne puissent obtenir que des qualités ordinaires, et d'autres vins encore plus grossiers, qui ne peuvent servir qu'à la distillation! Faut-il nous plaindre à la nature d'avoir été trop avare dans ses faveurs; ou devons-nous plutôt reconnaître l'imperfection de nos moyens, pour nous ménager le prix de ses dons?

Si les vins nous avaient été donnés tous préparés par les mains de la nature, nous n'aurions pas à reconnaître l'insuffisance des connaissances acquises dans l'art de le fabriquer : nous posséderions des vins parfaits, et aussi différens en force et en vertus salutaires pour chaque constitution, que ce que nous les aurions variés, en saveur et en parfum, pour l'agrément de chaque goût.

Mais la nature n'a fait qu'une partie de l'ouvrage, en nous donnant le raisin. C'est à l'art qu'il appartient ensuite d'en faire le vin, et on ne peut disconvenir que ce ne soit la plus importante de ses découvertes, comme le plus intéressant de ses ouvrages. Malheureusement que cet art si précieux pour nous se trouve encore bien imparfait, et je ne puis m'empêcher de dire avec Bertholon. « Il est éton-

» nant que depuis tant de siècles, pendant
» lesquels on a fait du vin, cette branche
» importante de la physique agronomique
» soit encore dans l'enfance (1) ». Cependant je suis bien loin de croire avec lui, « qu'un orgueilleux mépris à tout ce qui
» est utile, paraisse une des causes principales de l'oubli dans lequel ces sujets
» importants ont été enveloppés, et que
» nous n'estimons un objet qu'en raison
» directe de sa futilité et en raison inverse
» de ses avantages (2) ».

Reconnaissons, au contraire, avec M. le Comte Chaptal (3), que « les premiers
» historiens dans lesquels nous pouvons
» puiser quelques faits positifs sur la fabrication des vins, ne nous permettent
» pas de douter que les Grecs n'eussent
» singulièrement avancé l'art de faire, de
» travailler et de conserver les vins ».

» Que depuis les historiens grecs et romains on n'a pas cessé de publier des

(1) Mémoire sur le décuvage.

(2) *Idem.*

(3) Art de faire le vin, pag. 5.

» écrits sur les vins (1). Mais pour que » les principes de cet art pussent être » établis, il fallait que les lois de la fer» mentation fussent connues ; or, ces con» naissances n'ont été acquises que par » les progrès de la chimie. Ainsi gardons» nous d'accuser les hommes de ce qui ne » peut être imputé qu'aux temps où ils » ont vécu (2) ».

En effet, avant les progrès de la chimie, l'art de faire le vin était livré au tâtonnement du hazard ou au despotisme de l'habitude, et la meilleure observation sur un préjudice reconnu, ou sur une amélioration nécessaire, devenait inutile par l'impossibilité de connaître la cause du mal observé ou le principe du bien désiré.

Néanmoins les anciens, aussi bien que nous, avaient jugé du préjudice d'une fermentation à l'air libre, et avaient reconnu le mérite d'une fermentation close, pour faire des vins de liqueur et de grand prix; mais comme cette dernière méthode ne

(1) Art de faire le vin, pag. 8.

(2) Art de faire le vin, pag. 10 et 11.

pouvait s'effectuer sur une grande masse; qu'elle était même infiniment pénible et dangereuse sur une petite; et qu'il fallait d'ailleurs près d'une année pour qu'elle fût terminée, elle était impraticable pour nos récoltes; de sorte que, malgré tout ce que les anciens et les modernes ont pu dire du préjudice des méthodes usitées, on n'a pu en condamner l'usage, faute d'en avoir de meilleures à leur substituer.

Il était réservé à M.lle Elizabeth Gervais, ma sœur, de réussir à la découverte d'un appareil qui rendît la vinification parfaite. *Son procédé aussi simple que facile dans son exécution, qu'heureux dans ses résultats et pour lequel elle a été brevetée par ordonnance de Sa Majesté du 13 Janvier dernier* (1), garantit le vin des pertes qu'il éprouve dans la fermentation ordinaire; de sorte qu'en le préservant de l'évaporation de son esprit, de son parfum et d'une partie de son gaz, le vin se trouve augmenté dans la quantité, et en-

(1) Circulaire de l'auteur.

richi des principes les plus précieux à sa composition. Mais en attendant de le mieux démontrer dans l'analyse comparative de ses résultats avec ceux des méthodes ordinaires, nous allons en faire connaître la construction.

Chapitre Second.

Description du Procédé

Un *Couvercle* en bois et bien jointé couvre la cuve, contenant la vendange, ses bords sont enduits tout au tour avec du plâtre ou autre ciment, pour lier les bords du couvercle aux parois de la cuve, afin de garantir son intérieur de l'action de l'air. Au milieu de ce couvercle est pratiquée une grande ouverture qui est conforme à la dimension de l'embouchure de l'appareil, qui doit y être placé et cimenté également, pour qu'aucune vapeur ne puisse se dissiper de la cuve.

L'Appareil est composé de fer-blanc, comme le métal le plus économique et en même temps le plus convenable; sa forme est celle d'un grand chapiteau, de vingt à trente pouces de hauteur, placé au milieu d'un grand réfrigérant qui le domine de dix à quinze pouces; au bas du chapiteau et dans la partie intérieure, est pratiquée une rainure qui a une petite échancrure en dedans et un petit robinet en dehors. Du milieu de ce chapiteau part un grand tuyau qui est conduit en dehors et qui va plonger dans un grand vaisseau.

Une Soupape, au-dessus d'un gros tuyau de fer-blanc, est placée à une certaine distance de l'appareil, et forme comme une cheminée à la cuve; cette soupape est encore recouverte d'un grand tuyau de fer-blanc qui va également plonger dans le même vaisseau où plonge celui de l'appareil.

CHAPITRE TROISIÈME.

Du jeu ou des fonctions du procédé.

LE *Couvercle* a pour usage 1.° d'empêcher que l'action de la température ne contrarie le développement de la fermentation spiritueuse; 2.° de s'opposer à l'évaporation de l'esprit et du parfum du vin que l'action de la chaleur et du mouvement dissiperaient ; 3.° de retenir le gaz acide carbonique avec l'esprit et le parfum qu'il entraîne; 4.° enfin de garantir le marc et tous les corps qui forment le chapeau de la vendange, des altérations acides et putrides qu'ils éprouvent ordinairement par les effets destructeurs de l'air.

L'Appareil reçoit les vapeurs de la fermentation à mesure que l'atmosphère de la cuve s'en remplit. Alors le réfrigérant qui entoure le chapiteau, se trouvant plein d'eau froide, favorise le chapiteau dans l'action rafraîchissante et condensatrice qu'il exerce sur le gaz acide carbonique, pour le forcer à se dépouiller des principes spiritueux, aqueux et parfumés qu'il entraînait dans son évaporation.

A mesure que ces principes précieux au vin se condensent sous le ciel du chapiteau, ils découlent sur les parois, et viennent se rendre dans la rainure pratiquée au bas de sa partie intérieure. De cette rainure, la liqueur condensée retombe continuellement dans la cuve par la petite échancrure qu'il y a : si l'on désire de connaître et de juger la qualité de cette liqueur, on peut se satisfaire par le petit robinet qui est placé en dehors et qui sert à cet usage.

Mais pendant que la liqueur condensée se rend dans la cuve, l'acide carbonique qui a été dépouillé, sort par le grand tuyau du chapiteau, pour aller se précipiter dans un vaisseau plein de liquide, où ce grand tuyau va le conduire.

La Soupape n'est pas toujours nécessaire à la fermentation, mais elle est établie pour servir en cas de besoin : s'il arrivait que la masse de la vapeur fût trop considérable, et que le jeu de l'appareil ne pût suffire à son action ; alors la vapeur qui surabonde, soulève le piston de la soupape et parcourt un gros tuyau qui va la noyer dans le même vaisseau qui reçoit le grand tuyau de l'appareil.

Chapitre Quatrième.

Sommaire de la fermentation spiritueuse par l'appareil.

Après avoir égrappé (1), foulé et mis la vendange dans la cuve, posé et cimenté le couvercle, l'appareil et la soupape ; la fermentation spiritueuse qui se trouve alors à couvert de l'influence d'une température étrangère, s'établit et se développe d'une manière progressive et toujours relative à la proportion des principes qui composent le moût. La température et le mouvement augmentent également, selon que le dégagement de l'acide carbonique

(1) On ne saurait trop recommander d'égrapper, pour la finesse du vin. M. le Comte Chaptal avait bien pensé que la grappe pouvait relever la fadeur de certains vins; mais le procédé, en leur conservant le gaz qui leur manquait, y apporte le remède le plus salutaire et le plus naturel, au lieu que la grappe rend le vin âpre et dur.

devient plus considérable. Mais aussitôt que l'atmosphère de la cuve est remplie de ce gaz, la fermentation se fixe, devient régulière, constante et paisible par l'effet de l'appareil qui la rend stationnaire.

Alors le gaz acide carbonique s'élève dans le chapiteau de l'appareil, frappe les parois de son intérieur et la partie aqueuse chargée de l'esprit et du parfum, qui étaient évaporés par le gaz, la chaleur et le mouvement de la fermentation, se condense par l'impression du froid que lui imprime le chapiteau, et retombe continuellement dans la cuve, pendant que la partie indomptable du gaz s'échappe par le grand tuyau, qui du chapiteau le conduit dans un vaisseau particulier et plein de liquide.

A mesure que ce gaz de l'appareil sort ainsi épuré, celui qui remplit l'atmosphère de la cuve prend successivement sa place, pour être dépouillé à son tour des mêmes principes qu'il emporte ; et pendant la durée de la fermentation, la quantité de gaz qui se forme ou qui se dégage est égale à la quantité de celui qui se condense ou qui s'expulse, jusqu'à ce qu'arrivant à son terme, tous les phénomènes qui caractérisent la fermentation diminuent, s'appaisent, et le vin est fait.

S'il arrivait dans le plus fort de la fermentation, que la masse de la cuvée développât une quantité de gaz acide carbonique, de beaucoup au-dessus des facultés condensatrices et expulsives de l'appareil, il arriverait aussi que la force du gaz surabondant souleverait le piston de la soupape, et s'échapperait, par son tuyau, pour aller se noyer dans l'eau contenue dans le vaisseau, qui reçoit également le grand tuyau de l'appareil; et c'est ainsi que non-seulement ce procédé est constamment propice, dans ses fonctions, à tous les actes de la fermentation, mais qu'il réunit encore tout ce qui convient pour qu'ils s'exécutent sans peine et sans efforts : c'est ce que l'on verra avec bien plus de détail et d'intérêt dans le chapitre suivant.

CHAPITRE CINQUIÈME.

Analyse raisonnée des phénomènes et des produits de la fermentation vineuse par l'appareil, comparés aux phénomènes et aux produits de la même fermentation par les méthodes ordinaires.

J'AI déjà dit qu'après avoir égrappé, foulé et mis la vendange dans la cuve, l'on cimente le couvercle, l'appareil et la soupape; *alors la masse fermentescible qui se trouve à l'abri de toutes les influences de l'atmosphère, commence promptement sa fermentation, et elle se développe avec d'autant plus d'avantage, qu'elle ne perd rien de la chaleur qu'elle acquiert de plus en plus durant son accroissement.*

Ces précieux avantages de soustraire la vendange à l'action de la température atmosphérique, de protéger le commencement de la fermentation, et la fonction protectrice qu'exerce par-là, ce procédé, en faveur d'un moût trop aqueux ou trop vert, sont trop importans pour n'être pas rendus plus sensibles par le développement qu'ils méritent; et puisque suivant l'Abbé Rozier (1) « dans toutes les pratiques d'a- » griculture on doit juger par comparai- » son, que c'est la meilleure et la seule » manière de s'instruire », je rapporterai les inconvéniens des méthodes ordinaires, dans tous les périodes de la fermentation vineuse, en même temps que j'indiquerai les avantages du procédé.

Nous avons déjà dit dans la première partie et d'après M. le Comte Chaptal, que dans un moût trop aqueux ou trop vert, la fermentation est tardive, difficile, et qu'en l'abandonnant à elle-même, on ne peut obtenir qu'un vin faible, susceptible de passer à l'aigre ou de tourner au gras. Que plus la fermentation sera longue, selon Le Gentil, plus la liqueur aura perdu d'esprit, ce qui est cause que les

(1) Cours complet d'agriculture, Tome IV, pag. 482.

vins faits de raisins peu mûrs ou des raisins aqueux ne sont pas de garde. Nous ne savons que trop, en effet, la cruelle influence qu'une température trop froide exerce sur les fermentations des méthodes ordinaires, et principalement sur celles dont les principes se trouvent peu généreux ! S'il arrive même que le froid retienne la vendange au-dessous du 10 e degré du thermomètre de Réaumur, il arrête ou il empêche la fermentation en s'opposant au développement de la chaleur et du mouvement que les principes du moût, par leur nature, tendraient à établir; de cette observation physique, on a reconnu la nécessité de faire des feux dans les celliers, pour échauffer l'atmosphère, et de jeter du moût bouillant dans les cuves, pour aider la fermentation. Mais ces moyens factices, toujours pénibles et coûteux, ne réussissent qu'imparfaitement, et diminuent la quantité de vin. De plus, comme l'a très-bien observé l'Abbé Rozier (1), « si la force seule, de la fermen-

(1) Cours complet d'agriculture, tome IV, pag. 499.

» tation, expulse l'air fixe et beaucoup
» de spiritueux, au point que celui-ci
» frappe l'odorat, lorsqu'on entre dans le
» cellier, et que celui-là éteint la lumière
» sur la cuve, il est donc clair que par
» l'ébullition il s'échappe beaucoup de cet
» air fixe, ce qui devient une perte réelle
» pour le vin ».

Ainsi par tous les moyens que l'on a jugés les plus favorables, en pareil cas, pour aider la fermentation, nous nuisons aux principes les plus essentiels du vin; quel résultat pouvons-nous donc attendre d'une pareille fermentation?.... L'abandonnerons-nous à elle-même? Elle se perdra! Nous ne pouvons donc en attendre par les méthodes ordinaires et malgré nos soins, qu'un vin sans consistance, altéré par les vicissitudes qu'il a subi et prêt à s'aigrir ou à tourner au gras.

En supposant même que sur une vendange trop aqueuse ou trop verte, une température moins rigoureuse que celle que je viens d'indiquer, ne s'oppose point à l'établissement de la fermentation, il n'en résultera pas moins de la faiblesse ou de l'absence de la partie sucrée, un mouvement débile presque insensible, qui, ne pouvant s'accroître, à cause de l'équilibre que l'action de l'atmosphère cherche toujours à établir dans les liquides soumis à son contact, rendra la fermentation tardive et difficile. Par l'effet de cette débilité, la fermentation sera longue, et le peu d'esprit ardent, de gaz et de parfum, qu'elle pourra produire, seront dissipés à mesure de leur formation, et le vin affaibli par ses pertes, et vicié par l'action destructive de l'air, ne saurait être de garde.

Heureusement pour le cultivateur du midi de la France, que la richesse de ses vins et la douceur de son climat lui rendent la fermentation vineuse toujours assez aisée à se développer, à moins que par événement, des pluies abondantes pendant la récolte, ou une saison plus rigoureuse qu'à l'ordinaire, ne la contrarient. Mais hélas! quelle trop constante expérience ne fait-on pas dans le nord de la France, des effets du froid sur la fermentation, et quels tristes vins n'y retire-t-on pas d'une vendange presque toujours verte qu'on y récolte ! Aussi semble-t-il que c'est principalement à la fermentation de leurs vins qu'appartiennent les premiers avantages du procédé que j'annonce. Je vais donc les signaler, et je pense que le lecteur éclairé reconnaîtra dans la simplicité de ses moyens et l'excellence de ses effets, ce que l'art peut imaginer de plus près de la nature.

Par l'interdiction du contact de l'air atmosphérique sur la vendange, la température extérieure, à ce procédé, n'a aucun rapport avec la fermentation vineuse. Alors la masse fermentescible se trouvant totalement délivrée des influences étrangères, dirige, selon sa tendance naturelle, toute l'étendue de ses moyens vers l'établissement de la fermentation. Plus la vendange se trouvera généreuse, plus aisément la fermentation s'établira et se développera promptement ; mais quelle que soit aussi la faiblesse des principes qui la constituent, la fermentation ne s'établira pas moins de la manière la plus convenable au vin qui doit en résulter. A la vérité, celle qui proviendra d'un fruit vert ou trop aqueux, commencera à fermenter d'une manière presque insensible; mais la chaleur et le mouvement imperceptibles, qui résulteront du premier acte de la fermentation, resteront concentrés dans la cuvée pour augmenter la chaleur précédente, sans crainte des contrariétés d'une atmosphère qui ne peut plus y avoir accès. Dès-lors la chaleur allant de plus en plus croissant, déterminera la dilatation de la masse liquide, le mouvement deviendra plus facile et plus considérable, les collisions plus fréquentes, et la fermentation parfaitement bien établie se trouvera au point que le désirait la nature, et que l'imperfection des moyens usités jusqu'à ce jour et l'action contrariante de l'atmosphère ne lui permettaient pas d'atteindre.

Mais l'établissement d'une bonne fermentation en faveur d'une vendange verte ou trop aqueuse, ne serait qu'un bien faible avantage, si le procédé n'exécutait d'autres fonctions encore plus précieuses pour en conserver le produit! Il ne suffit pas de triompher de l'opposition que la température exerce sur la vendange, il faut aussi que l'esprit, le gaz et le parfum qui se forment dans la fermentation qui s'opère, soient maintenus dans la liqueur, par les fonctions du procédé, et que le dégagement du gaz acide carbonique, l'air atmosphérique, la chaleur et le mouvement, n'aient plus l'empire de ravir ces précieux principes du vin, ni d'altérer aucun des corps qui composent la cuvée, ainsi qu'ils l'exercent dans les méthodes ordinaires. C'est alors que la vendange la plus faible, enrichie de ce qu'elle a produit, pourra offrir par le secours du procédé, le vin le plus délicat, le plus agréable et peut-être le plus précieux, par ses vertus et par son bouquet! Mais n'anticipons pas sur les résultats de la fermentation qui nous occupe; suivons-là dans tous ses périodes, en décrivant toujours comparativement la différence des phénomènes qu'elle présente par le procédé et par les méthodes ordinaires.

A peine la fermentation d'une vendange généreuse est-elle parvenue, par les méthodes ordinaires, au degré de chaleur, de mouvement et d'action les plus convenables à son but, que les fermentés (1) « les fermentescibles, les corps dissolubles » dissous ou non-dissous, homogènes ou » étrangers, sans distinctions, sont en» traînés et portés çà et là confusément, » par un mouvement dont la rapidité » croissant sans cesse »; alors, selon l'Abbé Rozier (2), « trop de chaleur accélère la » rapidité de la fermentation, la pousse » trop vite, et au lieu de triturer unifor» mément les parties constituantes du » raisin et du fluide dans lequel elles na» gent, les brise plutôt qu'elle ne les divise. « Dans ce cas l'air fixe et *phlogistique*, » ou principe inflammable (l'esprit-de» vin) se dégagent avec impétuosité, et » la liqueur produite par *cette fermenta*» *tion turbulente*, n'est pas susceptible de

(1) Le Gentil, mém. sur le décuvage, pag. 63.

(2) Cours complet d'agriculture, tom. IV, pag. 471.

» se conserver aussi long-temps que si la » fermentation avait été *modérée et graduelle;* ce vin aigrira facilement ». Il est donc bien difficile d'obtenir un bon vin par les méthodes ordinaires, puisque la fermentation s'y trouve contrariée, tantôt par des causes étrangères et tantôt par des influences qui naissent d'elle-même! Comment remédier à tous ces inconvénients?

Suivant l'Abbé Rozier (1), « la bonne » fermentation dépend d'une multitude » de combinaisons heureuses, et la prin» cipale est la maturité entière du raisin, » qui développe le muqueux doux; les » autres tiennent aux lois essentielles de » la nature : si l'homme les contrarie, il » dérange le mécanisme de la fermenta» tion, et il en est puni par le peu de » qualité de son vin ».

Mais, puisqu'il est vrai, et que l'Abbé Rozier, nous a déjà démontré lui-même, que trop de chaleur et de mouvement de-

(1) Cours complet d'agriculture, tom. IV, pag. 474.

viennent préjudiciables aux produits de la fermentation, il ne suffit point alors que l'homme ne dérange pas son mécanisme; il faut au contraire qu'il trouve un moyen pour le modifier, afin que cette fermentation soit toujours *modérée et graduelle*, ainsi que l'exige la nature, pour la fabrication du bon vin, et que l'exécute le nouveau procédé, par les fonctions que je vais décrire.

Depuis le commencement de la fermentation jusqu'à son accroissement, nous avons vu le nouveau procédé, favoriser son développement et la soustraire aux influences qui auraient pu la déranger. Par l'effet de ces heureuses fonctions, nous avons reconnu comment la vendange la plus faible, pouvait arriver, sans obstacle, à la fermentation la plus complète, tandis que par les méthodes ordinaires, elle est obligée de vaincre ou de succomber aux contrariétés qu'elle éprouve. Comment donc ce procédé, qui empêche l'action rafraîchissante de l'atmosphère, d'agir sur la vendange, et qui favorise par-là, l'augmentation de la chaleur et du mouvement dans la fermentation, pourra-t-il sauver la cuvée de trop de chaleur et de mouvement que l'expérience et l'Abbé Rozier nous démontrent si contraires dans la fermentation ordinaire, malgré la modification que la température atmosphérique peut exercer sur elle ? Ne doit-on pas craindre que celle du procédé, qui ajoute sans cesse la nouvelle chaleur qu'elle acquiert de son action, à la chaleur qu'elle avait déjà, n'arrive bientôt à cet excès de chaleur et à cette rapidité de mouvement qui rendent la *fermentation turbulente* et d'un mauvais produit? Mais, rassurons-nous, et en considérant la plus belle, la plus précieuse fonction de ce procédé en faveur de la vinification, reconnaissons un des plus beaux secours que l'art ait jamais accordé à la nature, dans les merveilles que leur heureux accord opère journellement pour le bonheur de l'homme!

Le couvercle qui ferme hermétiquement la cuve, en s'opposant à la perte de la chaleur qui se développe, et en empêchant la fraîcheur de l'air d'y pénétrer, favorise et accélère la fermentation. Mais si le couvercle fût la seule pièce qui composât le procédé, le gaz acide carbonique qui se dégage et l'esprit qui s'évapore, remplissant bientôt le vuide ou l'atmosphère qui se trouve entre la cuvée et lui, ne pouvant trouver aucune issue pour s'évader, feraient violence de toute part, et comme a dit M. le Comte Chaptal, menaceraient d'explosion, de rupture, ou arrêteraient et étoufferaient complétement la fermentation, si la cuve et le couvercle avaient la force de soutenir leur effort. Il fallait donc un régulateur qui eut le double avantage de prévenir tous ces dangers et de régler la fermentation, pour rendre l'usage du couvercle efficace, salutaire, et c'est précisément ce que nous allons voir dans les fonctions de l'appareil! Cette pièce mécanique, que nous avons dit être un grand chapiteau, en fer-blanc, placé au milieu d'un grand réfrigérant, se trouve posée au centre du couvercle, et ferme hermétiquement une vaste ouverture qui le reçoit.

A mesure que les vapeurs carboniques et spiritueuses s'élèvent de toute part dans la cuve, et qu'elles remplissent son atmosphère, elles arrivent jusqu'au chapiteau, frappent son ciel et ses parois intérieurs, et par la fraîcheur que le chapiteau et la masse d'eau qui l'entourent leur impriment, la condensation de tout ce qui est aqueux, spiritueux et balsamique, s'opère, et retombe continuellement dans la cuve, saturé de tout l'acide carbonique que la partie aqueuse entraîne. Par l'effet de cette précieuse fonction les principes en esprit, en gaz et en parfum, qui s'évaporent dans les méthodes ordinaires, se trouvent conservés, pour augmenter et enrichir la quantité du vin; en même temps la partie du gaz acide carbonique qui ne peut se condenser, sort, comme un vent indomptable, par un grand tuyau pratiqué à l'appareil, et va se noyer dans une quantité d'eau, contenue par un vaisseau particulier, placé à côté de la cuve.

Selon la générosité des principes du moût et le volume de la cuvée, la force de la fermentation tendrait à s'exalter ; mais la masse gazeuse qui remplit l'atmosphère de la cuve, et qui, par sa nature, pèse constamment sur la vendange, tempère son action, ne lui permet qu'une fermentation modérée, continue et toujours égale à la proportion des vapeurs qui se condensent, ou du gaz qui s'expulse continuellement par l'appareil ; de sorte que les vapeurs et le gaz qui remplissent le ciel de la cuve, se dirigent sans cesse dans l'appareil, pour s'épurer à leur tour, et sont successivement remplacés par une égale quantité que la fermentation en produit.

Pendant que la fermentation stationnaire poursuit sa marche sur ce bel équilibre, la condensation qui retombe, comme une pluie précieuse, du ciel de l'appareil, dans la cuve, est obligée de traverser le marc pour se rendre dans le vin. Dans son trajet, elle trouve la pellicule du raisin, l'inonde, la pénètre, et par l'action de son esprit, dissout la partie colorante, qu'elle contient, pour la porter au vin.

Selon Le Gentil (1) « plus il se formera » d'esprit ardent et plus il résidera sur la » matière colorante résino-extractive, plus » il s'en chargera ». Il est alors impossible d'exécuter une fermentation plus favorable à la couleur, que par ce procédé, puisque le produit de sa condensation, en agissant sur la pellicule du raisin, ajoute à la couleur du vin, pendant la durée de la fermentation, et comme c'est à la partie résino-extractive, dit Le Gentil (2), « que » le vin doit cette robe éclatante, vive et » brillante, si agréable aux yeux, plus » belle et plus solide que les savonneuses » et les extractives, que l'eau tient en dis» solution ». La couleur du vin de l'appareil se trouvera plus solide et plus belle que celle des autres vins. Ce que nous rapportons de don Gentil est précisément conforme au sentiment de M. le Comte Chaptal, qui nous dit : « la partie colorante » du vin, (3), existe dans la pellicule

(1) Mémoire sur le décuvage.

(2) Mémoire sur le décuvage, pag. 220.

(3) L'art de faire le vin, pag. 360.

» du raisin : ce principe colorant ne se » dissout dans la vendange, que lorsque » l'alcool y est développé; ce n'est qu'alors » que le vin se colore, et la couleur en » est d'autant plus nourrie, qu'on a laissé » cuver plus long-temps ».

Enfin, après avoir parcouru tous les périodes qui peuvent constituer une bonne fermentation, celle du procédé arrive à son terme; et comme toutes ses fonctions ont été parfaitement réglées, graduelles et complètes, tous les principes du vin ont été très-bien élaborés, convertis en ce qu'ils pouvaient produire de mieux et dans la plus parfaite combinaison. Il n'est donc pas étonnant qu'elle nous donne dans son produit, un vin généreux et petillant, d'une couleur vive et foncée, et d'un goût très-agréable et parfumé, exempt de toute altération.

Mais maintenant que nous avons conduit la fermentation du procédé jusqu'à sa fin, il nous reste à reprendre celle de la méthode ordinaire pour la conduire jusqu'au point de la décuvation, afin que le lecteur puisse continuer à juger de la différence qu'elles présentent dans leurs phénomènes comme dans leurs résultats.

Jusqu'à présent nous avons présenté le parallèle de deux fermentations, plutôt dans la différence des phénomènes de leurs fonctions respectives, que relativement aux pertes et aux altérations que la fermentation ordinaire éprouve; nous avons jugé cette négligence nécessaire pour éviter des répétitions trop fréquentes, attendu que depuis le commencement, jusqu'à la fin de la fermentation, les méthodes usitées ne peuvent la sauver d'une perte continuelle qu'elle fait en esprit, en gaz et en parfum, ni la garantir de l'action de l'air, qui en surcroit de ces pertes, fait aigrir le marc et l'oblige à transmettre au vin le levain destructeur de l'altération qu'il éprouve.

Mais toutes ces pertes deviennent bien plus considérables, dans le plus haut degré de son action tumultueuse, où nous avons laissé la fermentation ordinaire, par la grande chaleur et la rapidité du mouvement qui favorisent l'évaporation, et par la grande quantité d'acide carbonique, qui l'entraîne dans son dégagement. Aussi, bientôt après que la fermentation a passé ce plus haut période, et avant qu'elle arrive à son terme, est-on dans l'usage d'opérer le décuvage, d'après l'avis de tous les œnologistes, afin que le vin, moins exposé à perdre dans les vaisseaux que dans les cuves, soit aussi délivré du contact du chapeau de la vendange, qui lui participait les altérations qu'il avait déjà subies de l'action de l'air. Par ce moyen le vin continue sa fermentation dans les vaisseaux, se trouve meilleur et se conserve mieux que s'il eût cuvé plus longtemps; mais il n'a pas moins reçu l'impression du levain funeste qui doit le perdre, quelles que soient les attentions qu'on y porte.

Ce levain, qui résulte de l'action de l'air sur la cuvée, est l'acidité du chapeau de la vendange, ainsi que du suc qu'il contient; de sorte que ce dernier, en filtrant continuellement dans le vin, y apporte le principe de cette altération et de toutes les autres qu'il avait acquises par l'effet de la même cause; car, pendant que la partie spiritueuse tend à l'acidité, par l'action de l'air, les autres corps moins nobles tendent à la putréfaction et rendent le levain d'autant plus funeste que ces corps y sont plus considérables. Pour remédier à ces graves préjudices les œnologistes ont essayé plusieurs moyens, mais toujours sans succès. Il en est même qui n'écoutant que leur théorie, sans se donner la peine de consulter l'expérience, en ont proposé d'impraticables et pernicieux; et c'est ainsi, par exemple, que pour vouloir faire usage du couvercle à double fond, imaginé par Bertholon, un propriétaire du bas Languedoc, selon que le rapporte l'Abbé Rozier (1), manqua faire crever ses cuves et sauter le couvert de sa maison, par un pied droit qu'il avait fixé perpendiculairement entre ce couvercle et une des poutres du toit de son cellier.

Mais l'Abbé Rozier, en démontrant

---

(1) Cours complet d'agric., tom. IV, pag. 489.

l'impossibilité du couvercle de Bertholon paraît douter des effets de l'air sur la vendange, et les raisons sur lesquelles il se fonde, paraissent d'autant plus puissantes qu'elles sont appuyées des lumières de l'expérience et des secours de la saine physique : » En supposant avec Bertholon, dit-il (1), » que le suc contenu dans ce chapeau soit » aigre, je lui demande par quel contact » d'espèce d'air il le devient ? Est-ce par » celui de l'air atmosphérique ou par celui » du gaz ou air fixe ? Le premier est impos- » sible : tous les physiciens savent que l'air » fixe est spécifiquement plus pesant que » l'autre, et par conséquent la superficie » de la cuve est toujours garantie du con- » tact de l'air atmosphérique, par la cou- » che de l'air fixe qui, malgré sa dissolu- » tion dans l'air atmosphérique, se renou- » velle sans cesse durant la fermentation ».

« Si l'air atmosphérique ne peut produire » cet effet, ce sera donc l'air fixe qui » s'échappe de la fermentation ; mais jamais

(1) Le même, Cours complet d'agriculture tom. IV, p. 490.

» cet air n'a communiqué le goût aigre, « ni changé du vin en vinaigre »?

C'est ainsi qu'en s'étayant sur la nature et les effets du gaz qui se dégage de la cuvée, ce savant écrivain méconnaît les effets de l'action de l'air; mais malgré toute la force et la vérité de ses observations, il n'en est pas moins dans l'erreur de croire que l'air atmosphérique ne puisse produire cette acidité; et l'impossibilité ou la difficulté de se rendre compte de la manière qu'elle se produit, n'est pas une raison pour la méconnaître ou la nier, lorsque l'expérience et le sentiment de tous les savans ne laissent aucun doute sur son existence. Il est vrai que les expériences qui justifient que l'air ne peut avoir de contact avec la vendange, sont bien propres à faire paraître cette acidité comme impossible ou du moins inexplicable, puisqu'il est démontré par les belles observations de l'Abbé Rozier (1), que le vin ne se convertit en vinaigre qu'en

(1) Cours complet d'agric., tom. IV, pag. 525.

absorbant l'air atmosphérique. Il faut donc qu'il y ait quelque fonction pendant la fermentation, toute contraire à l'expulsion que le gaz acide carbonique fait de l'air atmosphérique, pour déterminer cette acidité, et c'est cette fonction que l'Abbé Rozier n'a pas reconnue, comme je l'ai fait moi-même, qui a causé son erreur. Pour la satisfaction du lecteur je me fais un plaisir de la décrire, avec d'autant plus de raison, que je ne pense pas qu'elle ait été encore publiée par aucun auteur.

Ainsi, quoiqu'il soit vrai que pendant la fermentation, le gaz acide carbonique qui se dégage, s'oppose constamment au contact de l'air sur la vendange, néanmoins la partie aqueuse, chargée d'esprit et de parfum, que le mouvement et la chaleur de la fermentation font évaporer et que ce même gaz entraîne, s'élève avec lui pour se dissiper et se perdre dans l'atmosphère; mais arrivée audessus de la masse gazeuse, elle se trouve en contact avec l'air atmosphérique. Alors une portion de la partie aqueuse est condensée par la fraîcheur de cet air, qui lui ravit l'esprit et le parfum qu'elle contient, pour lui transmettre, en échange et par son impression, le levain acétique, qui retombe avec elle, comme un brouillard malfaisant sur la vendange, pour y déterminer l'acidité : voilà ce qui fait que pendant que le dessus du marc s'aigrit fortement, tout le vin de la cuvée reçoit, dans cette altération, le germe de sa destruction.

L'action de l'air est si forte et si active dans ce phénomène, que pour si petite que soit l'ouverture de la cuve, du foudre ou du tonneau qui contient la cuvée, elle y exerce les mêmes effets, et toujours dans la proportion des vapeurs qui tendent à s'échapper par cette ouverture et selon la durée de la cuvaison.

Mais si on laissait cuver le vin jusqu'à la fin de la fermentation, il achèverait de dissiper son esprit, son gaz et son parfum, et se perdrait peut-être avant le décuvage, car, d'après ce qu'a observé Le Gentil (1) : « les vins qui ont

(1) Mémoire sur le décuvage, pag. 222.

» peu d'esprit et peu de gaz, et où l'eau » domine, sont des vins plats; lorsque ces » vices ne sont pas dus à l'espèce de raisins » ou à des raisins produits dans des terroirs » humides, dans une année pluvieuse et » froide, ils sont toujours dus à une trop » longue ou trop forte fermentation en » cuve à l'air libre, parce que, quelque » qualité qu'ait la vendange en pareil » cas, l'eau y domine toujours par la » perte que ce vin a fait de son esprit et » de son gaz. Or, dans une trop longue » fermentation à l'air libre, l'esprit dissipé » abandonne le corps muqueux à la fer» mentation qui continue jusqu'à ce qu'il » soit entièrement épuisé, de manière qu'il » n'en reste plus pour réparer les pertes » en gaz et en esprit qui doivent se faire; » la liqueur ne peut plus être garantie de » l'action de l'air; le vin prend l'évent, » s'aigrit, etc., et son moindre vice est » d'être faible et plat, etc. ».

Il faut donc que le vin soit décuvé longtemps avant que la fermentation soit finie, pour être moins mauvais et pour que les altérations qu'il éprouve depuis le commencement de la fermentation, ne deviennent sensibles sur les saveurs qu'il reçoi des bons principes qu'il renferme. Mais si le vin généreux est exposé à s'éventer et à s'aigrir, pour arriver au terme de la fermentation, « il n'est personne qui ne sache », dit Le Gentil (1), « que tous les » vins faits de bonnes espèces de raisins et » bien mûrs, qui n'ont pas assez éprouvé la » fermentation tumultueuse dans la cuve, » attaquent les nerfs, portent à la tête, » troublent le cerveau ; et que ce vice est » dû à l'esprit ardent et au gaz mal » combinés et trop à nu, etc. », et que si les raisins sont verts ou aqueux, le vin sera encore sujet à la graisse, puisque selon M. le Comte Chaptal, « les vins » faibles qui ont très-peu fermenté, sont » le plus sujets à cette maladie ».

(1) Mémoire sur le décuvage.

CHAPITRE SIXIÈME.

Le vin ordinaire comparé au vin de l'appareil.

DANS tous les pays où le raisin peut arriver à une bonne maturité, le vin doit être nécessairement bon, puisque le fruit qui l'a produit possède, par sa nature, toutes les qualités nécessaires. Mais il faut aussi que la méthode employée pour sa fabrication ne nuise point aux principes qui en opèrent la composition.

Malheureusement que, par l'analyse que nous avons faite des méthodes ordinaires, nous avons vu 1.° dans la chaleur et le mouvement de la fermentation et le dégagement du gaz acide carbonique, trois causes qui occasionnent une évaporation continuelle de l'esprit, du gaz et du parfum du vin, ce qui le rend faible et plat. 2.° Dans l'action de l'air nous avons vu le principe de l'acescence du chapeau de la vendange, et de la manière qu'elle imprimait à toute la cuvée le levain qui doit rendre le vin grossier et amener sa décomposition. 3.o Enfin, dans toutes les contrariétés que la fermentation est exposée à subir pendant son cours, soit des influences extérieures, soit de son trop d'action, et dans la nécessité de décuver avant son terme, nous avons observé les effets d'une fermentation imparfaite, dont les suites doivent produire un vin mal combiné dans ses principes, très-capiteux ou sujet à la graisse.

De sorte que les pertes, les altérations, et une fabrication incomplète, sont les tristes résultats des méthodes ordinaires, qui paraissent plutôt destinées à faire du vinaigre que du vin. Il n'est pas étonnant aussi que les qualités supérieures soient si rares, que les vins communs et grossiers soient si abondans, et que la durée des uns et des autres soit si courte ! Quel est le vin affaibli, altéré et mal fabriqué qui pourra se soutenir, puisqu'il se décompose en même-temps qu'il se forme !.... Suivant le médecin Rousseau, « le vin, comme

» vin, tant qu'il est parfait, ne devient » point et ne peut devenir vinaigre. Il faut » qu'il y précède *de l'altération*, *de la* » *dissolution et de la déperdition ou de* » *l'addition*, et pour lors ce n'est plus » proprement de vin, ou ce n'est qu'un « vin imparfait ». Si donc par les méthodes ordinaires le vin éprouve *l'altération* de ses principes, par l'action de l'air qui lui imprime le levain de l'acescence et *la déperdition* de son gaz et de son esprit (ses deux principes conservateurs), il faut nécessairement qu'il en arrive à *la dissolution* de son tartre et à *l'addition* ou absorption de l'air atmosphérique pour composer un vrai vinaigre.

Le négociant qui choisit dans l'immense quantité des vins qui se récoltent, les qualités qui ont le plus résisté à ces funestes vicissitudes, pour en faire l'objet de son commerce, n'ignore pas néanmoins tout ce qu'il a à craindre des altérations et des pertes qu'ils ont subies : pour prévenir les ravages des substances étrangères, de la lie, du tartre, et de ce qui a pu rester du principe végéto-animal, il colle, il clarifie et il soutire la liqueur; pour lui rendre le gaz qu'il a dissipé, il lui en donne un factice par le soufrage; et afin de ranimer sa faiblesse il le renforce par l'addition de l'esprit qu'il a évaporé. Mais toutes ces précautions ne sont encore que trop souvent inutiles; car, comme tous ces secours artificiels ne sauraient être que l'ombre des opérations de la nature, ils n'opèrent que par interposition, et ne peuvent se combiner et agir comme principes constituans et essentiels de la liqueur. Aussi ne suffisent-ils pas toujours à la conservation du vin, et il n'arrive que trop souvent de le voir succomber aux épreuves du voyage, de la saison, du climat, et causer la ruine du négociant qui fondait ses plus belles espérances dans les spéculations les mieux conçues!

Ce n'est pas ainsi qu'il en arrivera du vin de l'appareil ! Celui-ci clarifié de lui-même par la fermentation complète, se trouve aussi vif et aussi limpide lors du décuvage, que ce que les autres peuvent le devenir par le collage et le soutirage. Possesseur de tout l'esprit qu'il a produit, il en est d'autant plus fortifié, qu'il s'est mieux combiné, à mesure de sa formation durant la fermentation; enfin, saturé de tout le gaz qu'il peut prendre, il en est pénétré dans toutes ses parties; de sorte que sous toutes ces considérations il est infiniment supérieur au vin provenant des méthodes ordinaires. Mais, indépendamment de tous les préservatifs qu'il possède, pour le garantir des altérations futures, il se trouve encore parfaitement mieux combiné dans ses principes, pur de toute altération, ce qui, dans cet état, le rend incorruptible; et si à tous ces avantages nous ajoutons encore la finesse, la supériorité du goût, et le charme du bouquet qu'il acquiert par l'effet du procédé, et qu'il ne peut obtenir par les autres méthodes, ne sera-t-on pas forcé de convenir que les vins que l'on reconnaissait supérieurs aux autres vins, étaient encore imparfaits eux-mêmes comparativement à ce qu'ils pouvaient être, et à ce qu'ils sont par ce procédé? Ne devra-t-on pas abjurer des méthodes constamment funestes à la qualité de nos vins, au plaisir de nos goûts et à la santé de nos corps, qui, en dénaturant les dons de la nature, nous offrent une boisson altérée, dont les tristes effets deviennent le plus grand écueil pour le commerce et la source d'une infinité de maux! Nous voulons nous féliciter d'avoir quelques vins qui arrivent à quelques années d'âge, pendant qu'une infinité succombent au même instant de leur fabrication, et les anciens en possédaient de plus d'un siècle! Pline, au rapport de M. le Comte Chaptal, parle d'un vin servi sur la table de Caligula, qui avait plus de cent soixante ans. Horace nous a chanté un vin de cent feuilles. Pouvons-nous en faire autant? où sont les nôtres?... Mais nous les obtiendrons: l'avantage d'un vin parfait, est d'ajouter par l'âge à sa perfection, et c'est ce que feront les vins produits par ce procédé; tandis que le sort des vins altérés et mal fabriqués sera toujours de tendre à leur décomposition, ainsi que l'expérience le démontre dans ceux des méthodes ordinaires.

Pourrait-on maintenant hésiter sur le choix des moyens à adopter pour faire le vin, et méconnaître les avantages d'un procédé qui renferme toutes les conditions désirées par M. le Comte Chaptal, pour être *le complément de la vinification!*

CHAPITRE SEPTIÈME.

Des vins pour la fabrication, et des eaux-de-vie qui en proviennent.

Si ce petit ouvrage ne fut uniquement destiné à donner une idée générale de l'avantage du procédé, pour toutes les qualités des vins, quelle que soit la nature et la proportion de leurs principes; et que j'eusse l'intention de considérer séparément les effets qu'il pourrait produire sur chaque espèce de vin supérieur que récolte la France, je pourrais faire reconnaitre dans nos qualités exquises des vins de Bourgogne, de Bordeaux, de la Nerthe, de l'Ermitage, etc., etc., le nectar dont les anciens et la fable abreuvaient leurs Dieux, pendant que nos meilleurs vins blancs et nos muscats nous offriraient l'Ambroisie! Mais en privant le lecteur d'une description aussi intéressante, je ménage aux propriétaires des vignobles privilégiés de la nature, la plus agréable surprise que leur causera la supériorité inconnue des vins qu'ils fabriqueront par ce procédé. Il ne nous reste donc, après avoir fait la comparaison des vins en général, dans le chapitre précédent, qu'à faire reconnaître leur influence sur la qualité de l'eau-de-vie qu'ils peuvent produire.

Les divers usages auxquels s'emploie l'esprit du vin, pour les besoins domestiques, pour la boisson, et dans les arts, ont rendu la consommation de cet esprit si considérable, qu'il est devenu la source du débouché d'une grande partie de nos vins, et l'objet d'une des branches les plus importantes de notre commerce. Il est donc bien essentiel à l'intérêt général, et particulièrement à celui de l'agriculture et du commerce, de coopérer à l'accroissement de son débit ; et ce qui aurait pu être fait précédemment par un simple motif d'intérêt, nous est imposé maintenant par la nécessité de donner cours à la grande abondance des vins qui se récoltent. Pour arriver à ce but, il faut donc perfectionner nos eaux-de-vie, car c'est le seul moyen qui puisse nous conduire à un débouché considérable, en fixant la confiance du commerce et le goût du consommateur. Ce perfectionnement dépend principalement de deux causes ; 1.º de la qualité du vin ; 2.º de la bonté du procédé distillatoire.

Tous les vins susceptibles de maturité sont destinés par la nature à produire une grande quantité d'eau-de-vie ; mais tous les vices reconnus aux méthodes usitées pour la fabrication des vins, en y apportant les altérations que nous avons déjà signalées, ne peuvent nécessairement que procurer une mauvaise eau-de-vie ; car, en proportion que ce vin aura évaporé dans sa fermentation, l'acide malique qu'il peut contenir se trouvant plus à nu, semblera prendre plus d'empire, et se joignant aux diverses saveurs acide, austère, acerbe, âpre, et à tous les autres mauvais goûts provenans des marcs, des rafles et des autres corps aigres ou moisis, composeront dans cette funeste réunion, le vin d'autant plus détestable, qu'il sera fait sans attention et qu'on l'aura laissé cuver très-long-temps. C'est aussi de ce dont se plaint M. Mourguet lorsqu'il dit : « Nous faisons cuver (1) nos » vins trop long-temps et tellement à dé- » couvert, qu'ils perdent les deux parties » essentielles qui leur donnent du relief, » l'esprit et le parfum. A une assez grande » distance à la ronde des cuves qui con- » tiennent du vin en fermentation, l'odorat » est frappé par la vapeur subtile qui em- » porte avec elle ces qualités précieuses. » On la sent encore long-temps après que » le vin a été décuvé ; que l'on juge par- » là, de la quantité qui s'en exhale. Si

(1) Observ. sur les mém. qui ont concouru en 1780.

» par des manipulations plus conséquentes, » nous soignions mieux nos vins, ils ren» draient plus d'eau-de-vie, la qualité en » serait meilleure, et le débouché en de« viendrait plus avantageux pour le culti» vateur ». Ce que M. le Comte Chaptal nous dit de la différence des eaux-de-vie qui proviennent d'un vin faible et où l'acide malique abonde, d'avec celles qui résultent d'un vin généreux, devrait aussi nous engager à porter plus d'attention sur le mérite de nos vins; puisque « ceux qui » contiennent le plus d'acide malique, » nous dit-il (1), fournissent les plus mau« vaises qualités d'eau-de-vie. Il paraît » même que la quantité d'alcool est d'au» tant moindre que celle de l'acide est plus » considérable. Plus un vin est riche en » esprit (2) moins il contient d'acide ma» lique; et c'est la raison pour laquelle » les meilleurs vins fournissent, en général, » les meilleures eaux-de-vie, parce qu'alors » elles sont exemptes de la présence de cet

(1) Art de faire le vin, pag. 324.

(2) *Idem* pag. 327.

» acide qui leur donne un goût très-désa» gréable ». Mais que sera donc celle qui se trouvera de plus viciée par toutes les saveurs et les altérations dont un mauvais vin est susceptible? Devrons-nous la reconnaître comme une boisson que nous offre la nature, ou la rejeter comme le produit d'une fabrication homicide (1)?

---

(1) Rien n'est plus désagréable au goût et à l'odorat que les eaux-de-vie de marc; cependant celles qui proviennent de ceux cuvés au procédé, sont aussi suaves, aussi douces que celles d'un vin ordinaire. Il est donc positif que tous les vices qu'elles présentent ne proviennent point de la nature des marcs, mais bien de la facilité avec laquelle ils s'altèrent et se décomposent, lors qu'une mauvaise méthode de fabrication ne peut les en garantir. Cette expérience importante que j'ai faite à Baillargues, chez M. le Docteur *Barreau*, ex-Médecin en Chef des armées d'Italie, m'a porté à reconnaître, avec cet ami, une augmentation de 20 pour 100 dans le produit du marc du procédé, sur celui de la cuve ordinaire. Nous avons encore observé, par la distillation, que son vin donnait une eau-de-vie infiniment plus exquise et d'une force d'environ 8 pour cent sur celui de l'ancienne méthode. Ces observations que je rapporte pour fixer le lecteur sur la supériorité du goût des eaux-de-vie, faites avec les vins et les marcs fabriqués au procédé, ne peuvent lui donner une juste idée sur

selon l'Abbé Rozier (1) « le principe cons-
» tituant, des eaux-de-vie est l'esprit.
» Tout corps sucré fournit de l'esprit ardent,
» et cet esprit est partout le même; s'il
» paraît différer dans les unes et dans les
» autres, c'est uniquement à cause *d'un*
» *mauvais goût ou d'une mauvaise odeur*
» qui dépendent de la seule manipulation

---

la quantité du produit qu'ils auraient donné, si l'expérience que faisait cet ami n'eût été dérangée par l'effet d'un accident : mais le petit robinet de l'appareil, qui avait été cassé d'un coup de force, et raccommodé par une simple ligature, ne pouvant soutenir les épreuvse des curieux qui l'assiégeaient, pour connaître la qualité de la liqueur qui était condensée, fut défait au 3.e ou 4.e jour de la condensation, de sorte que tout le produit de l'appareil se perdit ensuite dans la terre glaize, sur le couvercle de la cuve, et fut dévoré par l'action de l'atmosphère, pendant douze ou quinze jours, ce qui fut une perte pour la quantité de l'esprit et une diminution pour le volume de la masse. Je suis d'autant plus fondé à faire cette remarque, que j'ai trouvé 12 pour 100 d'augmentation spiritueuse sur le vin de M. E. Lacroix, quoiqu'il eût éprouvé quelque évaporation, et que j'ai la confiance que celui de M. Girard, Maire de Fabrègues (qui a été fait dans un foudre) et tous ceux qui seront bien conditionnés produiront davantage.

(1) Cours complet d'agriculture, tom IV, pag. 93.

6

» et non du principe qui est très-pur »; gardons-nous donc d'accuser la nature des effets qui résultent de l'imperfection de nos moyens; occupons-nous plutôt de les perfectionner.

Puisqu'il est observé que le principe spiritueux est très-pur et qu'il se trouve partout le même; que le mauvais goût et la mauvaise odeur des eaux-de-vie *dépendent de la seule manipulation*, n'est-il pas certain qu'en perfectionnant nos vins par une meilleure fabrication, nous en obtiendrons une eau-de-vie supérieure? Par la même raison qu'un vin grossier produit un esprit relatif aux altérations qu'il a éprouvées, ce même esprit serait, au contraire, d'une qualité d'autant plus parfaite, que le vin excellerait en bonté; mais indépendamment de la douceur et de la suavité que doit avoir une eau-de-vie qui provient d'un vin exempt de toute altération, elle peut posséder encore le parfum des principes balsamiques et aromatiques que contiennent ceux fabriqués par le procédé. Pour en juger par un point de comparaison à la connaissance de tout le monde, ne reconnaissons-nous pas la supériorité des eaux-de-vie de Cognac sur celles du midi de la France? Cependant la nature y est moins généreuse que sur les produits méridionaux; mais leur méthode pour y faire le vin, quoiqu'imparfaite, y est néanmoins supérieure à celle de nos contrées, et leurs eaux-de-vie y conservent quelque chose du balsamique du vin, qui fait leur mérite, tandis que les nôtres, imprégnées de toutes les diverses saveurs d'un vin grossier, altéré et sans parfum, sont considérées les plus communes. Tel est l'effet de nos manipulations vicieuses, que je soumets à l'attention de l'agriculteur et du commerçant; pourraient-ils en dédaigner l'importance? Je ne pense pas qu'ils méconnaissent aussi peu leurs plus grands intérêts.

Il est encore un autre moyen de perfectionnement pour l'eau-de-vie, dans la bonté du procédé distillatoire. On ne peut disconvenir assurément que les divers procédés de MM. Adam, Berard, Solimany, Ménard, Baglioni, etc., n'aient fait faire un grand pas à la distillation, mais il s'en faut bien qu'ils soient arrivés à ce point précis et stable, en deçà et en delà duquel on s'éloigne du mieux. Cependant, ce point de perfection existe et il est possible d'exécuter une distillation qui ne s'en écarte jamais; il offre le précieux avantage de conserver à l'eau-de-vie le balsamique et le parfum du vin, ainsi que cette partie essentielle et subtile de l'eau-de-vie, que l'action ordinaire du feu dévore; la quantité du produit en est considérablement augmentée, en raison de la conservation de ses principes essentiels, et le goût le plus délicat ne saurait en faire la différence, lorsqu'elle provient d'un excellent vin, de l'eau-de-vie la plus ancienne, mêlée à la liqueur la plus agréable; mais ce n'est pas ici que j'ai le dessein de m'étendre sur un sujet aussi important; j'espère de le traiter ailleurs d'une manière avantageuse au commerce et à l'agriculture.

CHAPITRE HUITIÈME.

Des avantages que le procédé assure à l'agriculture, au commerce, et aux entreprises pour son exploitation.

SUIVANT M. le Comte Chaptal, « tous les » vins naturels (1) ont un bouquet plus » ou moins agréable. Il en est même qui » doivent une grande partie de leur répu- » tation au parfum qu'ils exhalent.

» Le parfum du vin, nous dit Mour- » gue (2), réside essentiellement dans le » gaz. Ce gaz est un principe conservateur » du vin. Il est peu de vignerons en » Languedoc, qui aient connu ce principe » essentiel. Il n'est donc pas surprenant » qu'on n'ait fait aucun effort pour le « retenir ».

Il n'est donc point de vin qui ne soit destiné, par la nature, à être plus ou moins

(1) L'art de faire le vin, pag. 363.

(2) Observations sur les mémoires qui ont concouru en 1780.

bon, par son esprit, son gaz et son parfum, comme il n'en est point aussi qui ne devienne plus ou moins mauvais, par l'effet d'une fabrication vicieuse. De cette vérité, que nous avons démontrée dans ce petit ouvrage, le propriétaire a reconnu la cause de l'imperfection de ses produits, et le négociant celle de toutes les maladies qui, souvent malgré ses soins, les faisaient succomber à une décomposition inattendue. Mais il ne suffisait point de trouver la source du mal, dans les vices des méthodes usitées jusqu'à ce jour; il fallait aussi découvrir le remède que l'art pouvait offrir à la nature par la découverte d'une fabrication parfaite, garantir les vins de toutes les altérations qu'ils éprouvaient, leur conserver l'esprit, le gaz et le parfum qui doivent assurer leur durée, enrichir leur qualité; obtenir enfin tous les effets du nouveau procédé qui font *le complément de la vinification.*

Que le négociant cesse désormais de craindre les imperfections des vins et des eaux-de-vie! qu'il jette avec confiance ses regards sur les contrées les plus éloignées, sur les climats les plus opposés, où le sentiment d'une spéculation avantageuse pourra le fixer! Si le vin le plus renommé pouvait à peine suffire à de semblables opérations, il verra maintenant que celui qui était reconnu pour ordinaire, deviendra, par une manipulation parfaite, capable de toute épreuve, propre aux expéditions les plus lointaines, et fait pour triompher à l'étranger, des efforts de la concurrence des nations rivales; c'est ainsi, pendant que le négociant étendra, avec avantage, les moyens du débouché, par l'exportation, que les qualités moins supérieures, intéressantes néanmoins par leur bon goût et leur parfum, feront augmenter la consommation nationale, en faisant succéder une boisson agréable, à celles dont le mauvais goût et le besoin nous forçent de prendre aujourd'hui comme un remède.

Mais de ces avantages en faveur du commerce et du consommateur, le cultivateur doit nécessairement assurer le débouché de ses produits, avec un accroissement de prix relatif à l'augmentation de leur mérite. A juger ce dernier avantage, sur le pied de la distillation, c'est-à-dire, sur le moins favorable, on reconnaîtra, comme je l'ai reconnu moi-même, que les vins du procédé possèdent en esprit, de 12 à 15 pour 100 de plus que ceux qui sont faits par les anciennes méthodes, et d'une qualité infiniment supérieure. Si, au mérite de la qualité, nous ajoutons aussi la quantité de l'augmentation du volume, on trouvera qu'elle peut s'élever également de 12 à 15 pour 100, ainsi qu'il est justifié par quelques attestations irrécusables, que j'ai placées au chapitre suivant. Il est donc certain que le propriétaire augmentera le produit de ses vignobles, par le secours du nouveau procédé, de 20 à 30 pour cent, dont la moitié en augmentation spiritueuse ou qualité, et l'autre moitié en accroissement de volume ou quantité. Mais comme cet avantage ne coûte aucun frais ni aucune dépense pour acquérir (une fois la licence obtenue); tandis que la récolte se réduit à la moitié de sa valeur, à cause des cultures, des contributions, etc. etc. ces 20 à 30 pour cent équivalent pour le propriétaire à 40 ou 50 pour 100 de sa récolte, attendu qu'ils sont tout bénéfice.

Tels sont les avantages que présente la distillation du vin du procédé, sur les vins ordinaires; mais quels seront ceux que l'on voudra y destiner? Ils seront tous si agréables au goût, si supérieurs en qualité qu'on en regrettera le sacrifice à cet usage (1)! Néanmoins les qualités moins précieuses y seront consacrées, mais le mérite et la quantité de leur produit n'assureront pas moins au propriétaire le prix de leur valeur.

(1) Il n'est personne qui ne connaisse, en Languedoc, la faiblesse et le peu de qualité des vins de Pignan. Cependant le résultat de deux appareils qui y ont été placés cette année, ont appris à M. Th. Blanc et à M. J. Sapte fils, les moyens d'obtenir des produits supérieurs. Ce dernier m'a dit avoir fait éprouver son vin de l'appareil par des brûleurs de l'endroit, qui à raison de la grande flamme bleue qu'il donnait, faisait soupçonner qu'on y eût mélangé de l'eau-de-vie. Je lui témoignai combien j'eusse aimé qu'il l'eût fait distiller, pour juger de la quantité du produit sur les vins ordinaires, mais il le trouve trop supérieur en qualité, pour le livrer à cette

Pour mieux juger leur force ou leur spiritueux, le physicien pourra maintenant composer un aréomètre, pour indiquer, d'une manière positive, la quantité d'esprit qu'ils contiennent et juger par-là, leur véritable valeur (1); ce qui procurera

---

destination; il veut le garder jusqu'à l'an prochain. M. Blanc en fait de même, et ils auront un vin délicieux dans un vin de *Pignan!*.... Mais cela ne saurait surprendre le lecteur lorsqu'il verra dans l'attestation de M. Girard, Maire de Fabrègues, que le vin de son appareil, par son esprit, sa couleur et principalement son goût et son bouquet, ressemble à un vin de Roussillon.

(1) M. Vincent de Paris, et à son imitation, plusieurs physiciens de province, ont proposé des pèse-liqueur pour le vin. Mais indépendamment de leur imperfection, puisqu'ils ne déterminent point la juste quantité du spiritueux contenu dans la liqueur et qu'ils ne jugent que par aproximation, ils étaient, de plus, impraticables, par l'effet des altérations; et des diverses saveurs, dont les vins mal fabriqués sont susceptibles. Tous les physiciens savent que les sels, par leur dissolution, produisent les saveurs: que le doux, l'aigre, l'amer, l'âpre, l'acerbe qui peuvent exister dans un vin ordinaire, par l'effet d'une mauvaise manipulation, donnent par leur mélange et leur disparité, un goût indéterminé, mais désagréable et grossier; que ces diverses saveurs, produites par les divers principes salins que les parties constituantes du raisin renferment, sont en opposition directe à l'effet du principe spiritueux, de sorte qu'en raison de ce que celui-ci tend à délier, dilater et rendre la liqueur

au cultivateur, l'avantage de connaître et de vendre son vin tout ce qu'il vaut, et donnera au fabricant le moyen de ne pas le surpayer.

---

plus légère, pour permettre à l'aréomètre de s'enfoncer et de descendre dans son sein, jusques au degré indicateur de la quantité de l'esprit qu'elle contient, les principes salins, au contraire, lient, resserrent la liqueur, la rendent plus pesante et s'opposent d'autant plus à la pénétration des pèse-liqueur qu'ils y sont en plus grande quantité. Il résulte de la vérité de ces faits, que le vin qui contiendrait, en même-temps, 25 pour cent d'esprit et 25 pour cent de principes salins, ne donnerait aucune preuve à l'aréomètre. Cependant il ne posséderait pas moins les 25 pour cent d'esprit, que l'on pourrait extraire par la distillation. Il fallait donc, pour que l'usage d'un pèse-liqueur fût praticable, que la fabrication du vin fût perfectionnée, au point que le vin ne pût prendre que la juste quantité des saveurs nécessaires à la plus parfaite proportion de ses principes; qu'il fût à l'abri de celles qui y sont nuisibles; que son gaz fût conservé : enfin, il fallait tous les avantages que présente le procédé, pour faire un vin fini et parfaitement composé. C'est aussi pour ce vin que je me propose de publier un *Aréomètre* pour indiquer la quantité d'esprit qu'il contient, afin que par son secours, le négociant puisse juger par anticipation, de la valeur de ses achats et se mettre à couvert des dangers de la mauvaise foi, par la connaissance de la force spiritueuse qu'ils possèdent. La description de cet instrument si nécessaire au fabricant, fera partie de l'ouvrage que je me propose de publier sur les moyens de perfectionner la fabrication des eaux-de-vie et des liqueurs.

Mais si le négociant et le cultivateur trouvent de si grands avantages dans les produits de ce procédé, que le premier puisse assurer et étendre, par ses effets, ses relations et sa prospérité, que celui-ci, en perfectionnant et augmentant sa récolte, en vende une plus grande quantité et à un plus haut prix, quel plus sûr et plus avantageux sujet de spéculation peut-il être offert à l'homme laborieux et actif, que l'entreprise d'un canton, d'un arrondissement ou d'un département pour y exploiter le brevet de l'auteur ! La certitude que tous les cultivateurs devront faire ce procédé par la supériorité de ses produits, qui rendront les autres vins *invendables*, par l'augmentation de leur quantité et par la modicité des prétentions de l'auteur, doit rendre nécessairement infaillible, le succès d'une pareille entreprise.

C'est ainsi, d'ailleurs, qu'en coopérant à leur fortune, en propageant l'usage de ce procédé, le négociant, le cultivateur, et l'entrepreneur, opéreront le plus grand bienfait que puisse attendre l'humanité, en la délivrant de ces vins imparfaits qui, par suite des altérations qu'ils éprouvent, empoisonnent la bouche et le corps, pour nous assurer la boisson la plus exquise et la plus salutaire, que la nature et l'art puissent former pour le plaisir et la santé de l'homme!....

CHAPITRE NEUVIÈME.

Attestations des produits.

Il suffirait à un chimiste de donner un coup d'œil sur les fonctions du nouveau procédé, pour reconnaître les avantages qu'il possède sur les méthodes usitées pour la vinification, et il ne serait pas nécessaire de lui faire attester des résultats qu'il aurait reconnus et jugés d'avance; mais ce n'est pas précisément pour lui qu'il est destiné; le cultivateur et le négociant, à l'avantage desquels j'en consacre le rapport, ne sont pas tous chimistes, et il ne suffirait pas d'avoir cherché à leur expliquer ces fonctions, de la manière que j'ai cru le plus à portée de *l'homme des champs*, sans crainte même des répétitions qui pourront peut-être choquer les oreilles très-délicates; il faut encore que par des preuves dignes de leur confiance, je leur démontre les résultats que je leur ai annoncés, justifiés par l'expérience; mais afin de ne pas trop multiplier des attestations dont le nombre deviendrait inutile, je me bornerai aux trois les plus propres à intéresser le lecteur, par le mérite et les lumières des personnes qui les ont délivrées, et au Rapport de MM. les Négocians de Montpellier, Membres de la Chambre consultative de Commerce du département de l'Hérault, sur les avantages du procédé et la supériorité de ses produits.

Rapport de MM. les Négocians, membres de la chambre consultative de Commerce du Département de l'Hérault, sur la dégustation et l'examen des vins fabriqués d'après le procédé de M.lle ELISABETH GERVAIS, *pour la Vinification.*

Monsieur le Baron CREUZÉ de LESSER, Préfet du département de l'Hérault, informé des résultats du procédé de M.lle Elisabeth Gervais, pour la fabrication du vin, et désirant de faire constater le mérite de ce procédé, chargea M. Anglada, Professeur de chimie et de matière médicale aux facultés des Sciences et de Médecine de Montpellier, de l'examen de ses produits.

Pour répondre au désir de ce respectable Magistrat, que l'amour du bien public rend toujours favorable aux découvertes utiles, M. Anglada prit la peine de se transporter sur les lieux pour prendre une partie des échantillons et de se faire apporter les autres par les propriétaires ; mais afin que leur examen fût fait par les personnes les plus compétantes et les plus éclairées sur la connaissance des liquides et dont le jugement ne pût rien laisser à désirer, c'est aux premiers Négocians de Montpellier sur le commerce des vins et eaux-de-vie qu'il en confia la dégustation. A cet effet M. Le Baron Durand-Fajon, membre de la chambre des Députés, chef de la maison François Durand et fils; M. Blouquier, chef de la maison Blouquier fils; G.me Coste et Comp.e ; M. Marc-Antoine Bazille, chef de la maison V.e Sarran et Bazille; et M. J. Raspay, chef de la maison J. Raspay et Comp.e; tous membres de la chambre consultative de Commerce du département de l'Hérault, convoqués pour cette vérification, se réunirent le 14 Février dernier, et par suite de leur examen rendirent le rapport suivant :

Cejourd'hui, 14 Février 1820, Nous Soussignés Négocians, habitans de Montpellier, convoqués chez M. le Baron

Durand-Fajon, l'un de Nous, à l'effet d'examiner les résultats d'un appareil inventé par M.lle Elisabeth GERVAIS, pour l'amélioration des vins, avons procédé comme suit :

1.° M. le professeur Anglada, et le sieur Gervais, frère de la D.lle GERVAIS inventeur, nous ont présenté les échantillons de trois cuvées vin fait d'après le nouveau procédé ; l'une chez M. Girard, Maire de Fabrègues, la seconde chez M. Sapte de Pignan, et la troisième chez M. Lacroix de Fondespierre. A chacun de ces échantillons en était joint un autre du vin fait, par ces trois propriétaires, selon l'ancienne méthode, avec des raisins de même espèce et cueillis en même temps, afin de pouvoir établir le moyen de comparaison et la différence existante entre le nouveau et l'ancien procédé.

La dégustation comparative nous a convaincus que les vins provenant des cuves, auxquelles on avait adapté l'appareil, étaient plus corpsés, colorés, de meilleur goût et plus spiritueux que ceux fabriqués dans les cuves découvertes.

Cette différence entre les produits des deux méthodes est trop sensible pour qu'on puisse méconnaître la supériorité de celle imaginée par M.lle Gervais.

Mais en supposant que l'épreuve d'une dégustation comparative, et l'assertion unanime des soussignés ne parussent pas suffisantes pour établir cette supériorité et décider les propriétaires à vaincre leur répugnance naturelle pour toute innovation, il faudrait se rendre à l'évidence d'un fait bien propre à lever tous les doutes.

Il nous a été soumis plusieurs échantillons de la liqueur condensée dans l'appareil et qu'on en avait extraite à diverses reprises, entre le premier et le dixième jour de la fermentation vineuse; liqueur provenant des vapeurs qui, dans l'usage ordinaire des cuves découvertes, sont entraînées par l'acide carbonique et volatilisées, dès-lors perdues au détriment de la quantité des produits.

L'examen de ces divers échantillons nous a présenté les résultats suivans:

La liqueur, recueillie dans les premiers jours de la fermentation, n'est qu'une eau légèrement plombée, portant une saveur vulgairement désignée dans le commerce sous le nom de *goût de terroir.*

Mais celle extraite dès le cinquième jour, avait acquis une teinte jaunâtre, une saveur forte et légèrement anisée, indiquant la présence de principes huileux, alcooliques et aromatiques, déjà développés dans la cuve par la chaleur qui décide la formation de l'alcool et la dissolution de l'extractif résineux. Cette progression est assez rapide pour que l'échantillon, extrait de l'appareil vers le dixième jour, présente une teinte jaune très-forte et une telle saturation des substances indiquées ci-dessus, que la liqueur porte alors le caractère d'une anisette grossière et âcre.

On ne saurait donc contester au procédé de M.lle Gervais le double avantage :

1.° De ramener dans la cuve vinaire une certaine quantité (que M.lle Gervais évalue de 10 à 15 pour °/° en augmentation de produit) de liquide, qui, dans la méthode ordinaire, s'évapore et se perd dans l'atmosphère; tandis que dans la sienne, il est ramené dans la cuve, humecte incessamment le marc et le préserve d'acidité. De ce double avantage, doit résulter un surcroit de produit, tant par la conservation de cette liqueur, que de la couche supérieure du marc, qui, dans la fermentation à découvert, ne peut produire que de vinaigre.

2.° Puisqu'il est démontré que la liqueur extraite de l'appareil contient des parties d'huile essentielle, d'alcool et d'extractif résineux, nul doute que ces substances réintégrées et étendues dans la masse du vin, ne s'y modifient, perdent l'âcreté qui résultait de leur concentration, et augmentent la proportion de corps, de spirituosité et de bouquet, du vin fabriqué à cuve close.

Ainsi, l'appareil de M.lle Gervais promet des résultats avantageux à l'agriculture et au commerce.

Le propriétaire, qui recueille des vins

communs, obtiendra un produit plus considérable et un prix plus élevé de son vin, que le fabricant et le négociant payent ordinairement selon le corps et la qualité qu'ils y découvrent à l'essai.

L'avantage sera encore plus sensible pour les propriétaires de vignobles dans les crûs renommés, où une légère différence de corps et de bouquet en détermine une très-considérable dans le prix de vente, comme à la côte de l'Hermitage, en Bourgogne, dans la Champagne et le Bordelais.

Enfin, un commerce dont la prospérité se fonde sur l'importance des consommations, doit recueillir les fruits d'une méthode propre à accroître et perfectionner le produit de nos vignobles, qui, sous ce double rapport, livreront une plus grande quantité de vins à exporter.

En conséquence, nous estimons que le procédé inventé par M.lle ÉLISABETH GERVAIS, mérite d'être pris en considération, et ne saurait être trop recommandé aux agriculteurs de nos contrées.

En foi de quoi nous avons délivré le présent pour servir et valoir en tant que de besoin.

Signés : DURAND-FAJON. BLOUQUIER.
M.-A. BAZILLE Jeune. J. RASPAY.

EXTRAIT DU RAPPORT

Fait à la Société des Belles-Lettres, Sciences et Arts de la ville de Metz ; par M. CHAMBILLE *propriétaire de vignes à Papeville près Metz.*

MM.

Je crois qu'il est de mon devoir de vous soumettre l'épreuve que j'ai faite de l'appareil pour la bonification des vins, de Mademoiselle Gervais de Montpellier, pour lequel elle a obtenu du Roi, un brevet d'invention.

Il était reconnu depuis long-temps, qu'en couvrant les cuves on conservait aux vins l'arôme et le parfum, si nécessaires à sa qualité, et qui s'en évaporent pendant sa première fermentation. On ne pourrait les fermer hermétiquement sans avoir à craindre une explosion certaine ; nous en avons la preuve lorsqu'on veut faire du vin enragé ; il faut que le chariot soit fait en fuseau très-allongé, bien solide, et que les fonds n'ayent pas plus de 8 à 10 pouces, sans quoi ils ne peuvent résister à l'acide du gaz acide carbonique, qui cherche à s'en échapper, quoiqu'on ne se serve que de tonneaux de un à deux hectolitres au plus. Il fallait donc trouver le moyen d'enfermer hermétiquement le raisin dans la cuve sans s'exposer au résultat fâcheux de l'explosion. Mademoiselle Gervais a résolu ce problème en adaptant aux cuves le chapiteau d'un grand alambic, surmonté de son réfrigérant garni d'un conduit qui plonge dans un bain d'eau fraîche, où vient se perdre le gaz carbonique surabondant. Les siphons ou soupapes à eau que nous adaptons à nos tonneaux au moment qu'on les emplit de vin sortant de la cuve et du pressoir, produisent le même effet ; mais ils ne peuvent condenser la vapeur qui s'en échappe et se perd dans les pores du couvercle, lequel ne conserve pas le parfum si essentiel à la qualité du vin. Le réfrigérant condense cette vapeur qui retombe sur la vendange, l'arrose et l'entretient dans une fraîcheur continuelle. Comme il n'y a point d'évaporation extérieure, on conçoit que le déchet est presque nul, on gagne donc sur la quantité, comme sur la qualité.

Expérience.

Le 18 Octobre 1820, après-midi, par un très-beau temps, j'ai commencé à remplir la cuve soumise à l'expérience, et je n'ai adapté l'appareil que le 19 au matin : elle n'était pas entièrement pleine. Le couvercle a été scellé avec du plâtre et fermé hermétiquement. Elle n'a donné aucun signe extérieur de fermentation. Elle est restée jusqu'au 3 Novembre, C. A. D. 17 jours. Le 3, à six heures du matin, on a levé l'appareil et découvert la cuve, qui alors a répandu un parfum bien supérieur à celui de l'autre cuve, qui n'a pas été soumise au même procédé.

J'ai réservé un demi-litre de la liqueur qui était dans cet appareil; elle était limpide et avait un goût agréable de pomme de reinette; elle pesait 16 degrés 1/2 au pèse-liqueur de Beaumé. Peu de temps après elle s'est troublée et a déposé un sédiment couleur de rouille ; essayée avec l'acide gallique elle s'est colorée en un violet très-foncé et a gardé sa saveur alcoolique et son arôme de pomme de reinette, j'en ai distillé la moitié, C. A. D. un quart de litre, avec l'alambic d'essai de M. Descroizilles, j'en ai obtenu une espèce de kirsch, très-agréable et très-fort, je n'en ai pas eu assez pour le peser, mais il a plus de 26 degrés. Le vin de Pied-Chaud, C. A. D. celui de la cuve, était très-limpide, d'une très-belle couleur et potable, il est resté dans les tonneaux sans se décolorer et n'a donné aucun signe de fermentation. Il y avait dans la cuve 73 rais de raisin, j'en ai eu 39 hottes de vin. La vendange n'a pas été égrappée, mais bien cylindrée, ce qui évite la peine de la fouler.

J'ai eu de ma cuve non soumise à l'appareil 72 hottes de vin ou 32 hectolitres (*Ce qui fait de 14 à 15 p. o/o de moins qu'à l'appareil*). Il y avait 155 rais de raisin, il n'a fermenté que 7 jours ; il était d'une belle couleur, mais il s'est décoloré dans les tonneaux, et ne vaut pas celui de l'appareil ; c'est de quoi sont convenus Messieurs DE MANDUIT, conseiller de préfecture, BAUDESSON, ancien procureur du Roi, de CHELINCOUR, du TERTRE, Capitaine en retraite, et de DORVISAN, maire de Plapeville, tous propriétaires et présens à l'expérience.

Comme les marcs de la cuve à l'appareil m'ont paru bien meilleurs que les autres, je les ai conservés, et au lieu de les couvrir de boue, comme font les Brandeviniers, je les ai mis dans un tonneau frais et recouvert d'un enduit de plâtre pour les distiller à part.

J'aurai l'honneur de vous rendre compte de leur produit à la distillation Je ne doute nullement que l'eau-de-vie qui en proviendra, ne soit meilleure et plus abondante que celle des autres marcs.

L. CHAMBILLE, *signé*.

EXTRAIT

Du 2.e Rapport fait par M. L. Chambille, *à la société des Belles Lettres, Sciences et Arts de la ville de Metz, le 4 février* 1821.

Messieurs,

Lorsqu'on vous a présenté *l'Opuscule de M. Jean-Antoine Gervais, sur la Vinification*, vous avez désiré qu'il vous en fût fait un rapport, et vous avez chargé MM. *Gentis* et *Chambille* de vous le présenter : nous avons l'honneur de vous soumettre le résultat de nos observations. Nous ne nous étendrons par beaucoup dans notre analyse, vous ayant déjà donné un apperçu des effets de l'appareil de mademoiselle *Gervais*, et des avantages que nous en avons obtenus.

Nous ne suivrons pas M. *Gervais* dans tous les détails qu'il embrasse pour prouver les vices de l'ancienne méthode, ni dans ses réflections sur la fermentation : dom *Casbois*, MM. l'abbé *Rozier*, le comte *Chaptal*, *Descroizilles*, dom *Le Gentil* et autres savans avaient déjà fait connaître les inconvéniens de laisser cuver la vendange à découvert, seulement un jour de trop. En effet, dans les années chaudes et abondantes, on se plaint que telle cuvée a été piquée, tel vin tourné; ce qui ne provient que des vices de l'ancien procédé, dont la fermentation avait lieu à l'air libre.

M. *Gervais* entre ensuite dans les détails du nouveau procédé et des avantages qui en résultent; il donne l'analyse raisonnée des phénomènes et des produits de la fermentation vineuse par l'appareil, comparés aux effets de la fermentation par la méthode ordinaire.

Il fait la comparaison du vin ordinaire et du vin de l'appareil, et fait connaître les avantages que le nouveau procédé assure à l'agriculture, au commerce et aux entreprises pour son exploitation. Il donne enfin, les attestations des produits obtenus en qualité et quantité par cette méthode, et toutes ses attestations, délivrées par des personnes recommandables, prouvent, ainsi que l'*Opuscule*, que l'augmentation est au moins d'un dixième en quantité, et que le vin est infiniment meilleur.

Les avantages du procédé de M.lle *Gervais*

ont été reconnus et constatés dans le midi de la France. Dans les environs de Paris, où l'on sait que les vins ne sont pas de première qualité, plusieurs rapports constatent que l'on y a obtenu plus de vin et d'une qualité bien supérieure, comparativement à l'ancienne méthode.

M. *Julia*, docteur en médecine, professeur pharmaceutique, membre d'un grand nombre de Sociétés savantes, a fait un rapport à la Société Royale d'Agriculture de Narbonne, au nom d'une commission, dans la seance du 10 décembre dernier, dons nous vous offrons l'analyse.

M. *Julia*, en rendant compte des moyens d'amélioration employés dans les environs de Narbonne pour la vinification, prouve que le procédé de mademoiselle *Gervais* est infiniment supérieur, puisqu'il lui a donné dans une expérience dix pour cent, et dans une autre prés de onze pour cent d'augmenttation en quantité. Il entre ensuite dans les détails des phénomènes de la fermentation, qu'il a observés jour par jour, et qui sont absolument les mêmes que ceux que nous vous avons exposés dans notre rapport du 3 décembre dernier : nous nous félicitons d'ailleurs de nous être rnncontré avec ce savans chimiste et œnologiste.

Il donne un tableau comparatif des produits en eau-de-vie, duquel il résulte que de la même quantité de vin soumise à la distillation après vingt cinq jours de cuvaison, il a obtenu 66 parties d'eau-de-vie du vin de l'appareil, et 62 de celui de la méthode ordinaire.

Une égale quantité d'une autre expérience, qui avait cuvé soixante-dix jours du vin provenant de l'appareil, a produit 58 parties d'eau-de-vie, et celui provenant de la méthode ordinaire seulement 53 parties; ce qui fait 5 de plus sur 53, ou au-delà de 9 et demi pour 100.

Dans son rapport, il démontre, 1°. qu'on n'obtient pas un atome de vinaigre, et que c'est d'abord un 25e. de produit de gagné; 2°. que l'on condense dans la cuve l'alcool, l'arôme et la substance aqueuse, qui se seraient dégagés avec le gaz acide carbonique. On doit donc considérer, dit-il, l'appareil Gervais comme un appareil distillatoire dont la cuve sert de cucurbite : d'après cela, les effets que l'on obtient sont conformes avec les lois de la physique et de la chimie, nous disons plus, elles en sont l'application exacte.

En réfutant les craintes que l'on peut avoir sur la compression du gaz acide carbonique, il démontre que la surabondance en est expulsée par le grand tuyau qui le conduit dans l'eau, et qu'il n'y reste que ce qui est nécessaire pour modérer la fermentation lorsqu'elle est établie. La fermentation avec l'appareil Gervais est donc moins tumultueuse; ce qui fait que les principes constituans du vin sont bien mieux combinés.

Nous nous étions aussi réservé de vous rendre un compte particulier du produit des marcs des raisins provenant des expériences qui ont été l'objet de mon premier rapport: comme ceux du nouveau procédé avaient conservé un arôme bien supérieur à ceux de la méthode ordinaire, nous les avons mis à part, et de la quantité des marcs de 12 hectolitres du vin fait à l'appareil nous avons obtenu 30 litre d'eau-de-vie, pendant qu'une égale quantité de marc de vin ordinaire n'a donné que 21 litres; c'est donc 9 litres de plus à l'avantage des marcs du procédé, ou plus de 40 pour 100. Mais comme l'eau-de-vie des marcs de l'appareil Gervais a un degré de plus et qu'elle est de bien meilleur goût que l'autre, le procédé n'est pas moins avantageux pour la qualité que pour la quantité, et il est à souhaiter qu'il soit adopté par tous les propriétaires de vignes, dans l'intérêt de l'agriculture et du commerce.

Signé L. CHAMBILLE.

RAPPORT

FAIT *à* L'ACADÉMIE *Royale du* Gard, *sur* l'Appareil-Vinificateur *de* M.lle Elisabeth GERVAIS, *le* 20 *Décembre* 1820, *au nom d'une commission composée de trois de ses membres*, MM. FOURNIER, *pharmacien en chef des hospices, membre honoraire de la Société des Arts de Genève*; Th. *de la* VERNEDE, *professeur de mathématiques spéciales au Collège Royal de Nismes*; *et* A.-A. LIOTARD, *Rapporteur.*

MESSIEURS,

Nous avons été désignés par M. le Président de l'Académie pour examiner, d'après la demande expresse de M. le Préfet, énoncée dans sa lettre du 30 Septembre dernier, l'Appareil-Vinificateur de M.lle Gervais, et en constater l'utilité.

Pénétrés de l'importance de la commission qui nous était confiée, et jaloux de répondre aux vues d'un corps qui a tant donné de preuves des ses vives sollicitudes pour tout ce qui intéresse l'Agriculture, le premier des arts, et à celles d'un administrateur qui se plaît à protéger et encourager les découvertes utiles, nous avons fait tous nos efforts pour justifier la confiance dont nous étions honorés; nous désirons pouvoir vous en convaincre par le résumé que j'ai l'honneur de vous présenter.

Si le premier caractère désiré dans une découverte, est son utilité, celle de M.lle Gervais, le possède à un degré remarquable, puisqu'il s'agit par son moyen d'augmenter et d'améliorer une des plus importantes récoltes, celle de la vendange.

On sait que pendant la fermentation, selon les procédés anciens, il se fait une déperdition assez considérable de substances gazeuses qui entraînent avec elles une quantité relative de liquide, chargé de principes qui frappent les sens par leurs qualités spiritueuses et balsamiques. Déjà il avait été reconnu qu'en couvrant les cuves on conservait aux vins plus de ces principes si nécessaires à améliorer leur qualité, et qui s'évaporaient pendant la première fermentation; mais il était difficile et dangereux d'enfermer hermétiquement la vendange sans s'exposer au danger de l'explosion, en privant la cuve du contact de l'air pendant la durée de la fermentation. Tel est le problême qu'a résolu M.lle Gervais, en adaptant aux cuves le chapiteau d'un grand alambic, surmonté de son réfrigérant, garni d'un conduit qui plonge dans un bain d'eau fraîche, où vient se perdre le gaz acide carbonique surabondant.

Pour apprécier les avantages de cet appareil, il convient de se rappeler que le moût du raisin contient deux parties bien distinctes, l'une sucrée et l'autre végéto-animale, principe du ferment susceptible de s'y établir ; que la fermentation vineuse est la décomposition du principe sucré et sa conversion en alcool et en acide carbonique; qu'il se développe pendant cette opération une chaleur relative à la masse de la cuvée et à l'activité de la fermentation, laquelle entraîne de l'alcool et autres principes, ce qui occasionne une perte évaluée à plus de 12 p. 0/0 (1). Cela est d'autant plus évident que 25 quintaux de raisins sont reconnus nécessaires à la formation d'un muid de vin, qui ne pèse que 18 quintaux et demi, en y comprenant le marc, ce qui présente une évaporation de 6 quintaux et 1/2, ou du quart du poids de la vendange. Mais si l'on a trouvé le moyen de recevoir ces vapeurs, pendant le temps de la fermentation, par le secours de

(1) L'ingénieux et savant A. Fabroni avait déjà reconnu que les petits vins de Florence perdaient un huitième de volume, par l'évaporation de leur première fermentation.

l'appareil précité, et de les condenser à l'aide de son réfrigérant, on aura rempli tous les vœux, non-seulement des chimistes, mais encore de tous les propriétaires de vignobles.

Pour vérifier la vérité des résultats énoncés, nous nous sommes transportés le 1.er Octobre 1820, dans le cellier de MM. Beaucourt et Bernard, chez qui l'expérience devait être faite. Là, 6076 livres petit poids ou 2509 kilogrammes de raisins provenant de deux vignes-olivettes, ont été mis dans une cuve en bois, sur laquelle a été fixé l'appareil inventé par M.lle Gervais, et pareille quantité de 6076 livres ou 2509 kilogrammes de raisins de même espèce et de la même vigne, a été mise dans une cuve pareille, sans l'appareil, d'un diamètre aussi grand, et placée à côté de l'autre pour être soumise aux mêmes influences atmosphériques.

Dans l'intervalle qui s'est écoulé entre le dépôt de la vendange et le décuvage, plusieurs visites ont été faites pour examiner la liqueur condensée, et nous avons reconnu que son poids aréométique était de 14 degrés 1/2, aréomètre de *Cartier*.

Le 20 du même mois il a été procédé au décuvage, en présence de la commission. La première cuve sur laquelle avait été placé l'appareil, a produit un vin d'un parfum agréable, qui a été déposé dans des tonneaux comme il suit :

AVEC L'APPAREIL. *Vin plus dépouillé et d'un parfum agréable.*		SANS L'APPAREIL. *Vin plus trouble et plus âpre.*	
1.er tonneau	62 veltes	1.er tonneau	38 veltes
2.e	58	2.e	56
3.e	56	3.e	45
4.e et pressoir	78	4.e	47
		5.e pressoir	30
		Vinaigre	9
	254 velt.		225 velt.

En comparant ces deux produits on voit qu'en tenant compte du *Vinaigre* qui s'est retiré du marc aigri levé de la cuve sans l'appareil, il y a une augmentation en faveur de la cuve avec l'appareil, d'environ *douze pour cent*. Mais pour donner plus de poids à nos expériences et leur fournir un plus solide appui, nous avons voulu connaître le résultat de celles de plusieurs propriétaires de ce Département, qui avaient fait usage de l'appareil, et nous nous sommes convaincus par les *Documens* (1) qu'ont bien voulu nous fournir, MM. de CHASTELLIER (a), ex-maire de Milhau; NEGRE, propriétaire à Vaquerolle; ANGELLIER (b), de Lédenon, BRISSE (c), maire de Bellegarde; CHAPELLE (d), de S.t-Gervasy; ESTANOVE (e), maire de Vauvert; GRIOLET (f), de Sommières; de BONAFOUS (g), d'Aimargues; DELEUZE FRÈRES (h), de S.t-Ambroix, et par la communication des échantillons de leurs vins, qu'ils nous ont adressés, que non-seulement l'appareil de M.lle GERVAIS produisait l'augmentation de

---

(1) Pour faire connaître au lecteur le sentiment des propriétaires recommandables, auxquels on avait demandé des renseignemens sur les résultats des expériences qu'ils ont faites de l'appareil-vinificateur de M.lle GERVAIS, nous mettons à la suite du *Rapport* un extrait des documens qu'ils ont adressés à la commission, en lui envoyant les échantillons de leurs vins.

quantité, mais même qu'il rendait le vin plus parfumé et toujours plus spiritueux.

Nous devons particulièrement à M. ESTANOVE et à M. de BONAFOUS, des détails sur la distillation, d'après lesquels il résulte que le vin provenant de la cuve à l'appareil a produit plus d'esprit-de-vin que l'autre.

Ainsi, tout concourt à démontrer les avantages de l'appareil de M.lle GERVAIS, lesquels consistent non-seulement dans une augmentation de 12 p. o/o sur les produits, mais encore dans leur plus grande alcoolisation, dans l'augmentation de leur parfum, et dans une plus considérable quantité d'acide carbonique qu'ils contiennent, ce qui rend les vins plus généreux, plus agréables et plus pétillans. On sent, d'ailleurs, que la combinaison de tous ces principes pourra nous dispenser de recourir à ces collages multipliés, qu'on fait subir aux vins susceptibles d'être transportés au loin, ainsi qu'aux diverses manipulations des marchands de vins, obligés de les fortifier par une addition d'eau-de-vie; et comme le marc qui passait trop rapidement à la fermentation acéteuse s'en trouve empêché, soit par l'éloignement du contact de l'air, que procure cet appareil, soit par la combinaison d'une plus grande quantité d'acide carbonique, le *revin* ou piquette qui se fait après le décuvage, sera plus considérable et de meilleure qualité (1), de sorte que tout concourra au succès de cette nouvelle méthode.

Votre commission, MM., n'examinera point si l'appareil de M.lle GERVAIS, pourrait recevoir quelques perfectionnemens:

(1) Plusieurs expériences ont déjà démontré la bonté des *revins* ou piquettes qui proviennent des marcs du nouveau procédé, mais celle qui mérite d'être rapportée comme la plus précieuse, a été faite par M. Paul *Angellier*, avec le marc de son excellent vin de Lédenon. La supériorité du produit qui en est résulté a fait prendre le *revin*, par des personnes très-entendues, pour un vin vieux d'un prix très-élevé. Ainsi, l'humanité n'aura plus à gémir sur ces boissons désagréables et mal-saines, qu'un intérêt mercenaire ou la misère faisaient chercher dans des corps aigris et souvent décomposés; car maintenant le pauvre cultivateur et la classe indigente de la société, trouveront dans ces *revins* agréables au goût, des qualités bienfaisantes et nutritives.

chaque année en apportant de nouvelles preuves de son efficacité, ne manquera pas d'offrir, soit à son auteur, soit à ceux qui pourront en faire usage, l'occasion d'y mettre, s'il est possible, un degré de plus de perfection, dont tout ouvrage des hommes est toujours plus ou moins susceptible. Mais en terminant ce rapport, je dirai que votre commission ne peut que s'applaudir d'avoir eu l'occasion de rendre hommage au mérite de l'auteur d'une découverte utile, qui, en augmentant les produits de la vendange et en les perfectionnant, augmentera la source de la prospérité de la France, et surtout de nos Départemens de vignobles, de manière à fournir au trésor de l'état un accroissement de revenu, qui lui rendra plus facile le dégrévement tant sollicité de l'impôt établi sur ce produit territorial. Elle vous propose d'approuver l'emploi de l'appareil de M.lle GERVAIS, et de délibérer qu'il lui sera expédié un exemplaire, tant du présent rapport que de votre arrêté.

LIOTARD, *Signé.*

L'Académie ayant entendu la lecture du Rapport d'une commission prise dans son sein, pour examiner l'Appareil de vinification et en constater les avantages, approuve son contenu, et arrête que copie du présent rapport sera adressée tant à M.lle Gervais qu'à M. le Préfet.

A Nismes, ce mercredi 20 Décembre 1820.

Pour copie,

PHELIP, Secrétaire.

DOCUMENS

Adressés à MM. les Membres de l'Académie du Gard, *formant la Commission chargée du Rapport sur l'*Appareil-Vinificateur.

(a) M.r de Chastellier, *ex-Maire de Milhau, écrit à la Commission :*

« MM. Je me suis empressé, selon votre demande, » d'envoyer à M.r Fournier, chimiste, deux fioles » contenant la montre des deux cuvées que j'ai faites, » l'une avec et l'autre sans l'appareil de M.lle Gervais. » C'est avec une grande satisfaction que j'ai trouvé » une supérioté bien marquée à celui fait avec le » procédé; il a plus de couleur, il est plus vineux et

» a un bouquet plus agréable : l'utilité de cette dé-
» couverte est pour moi une chose très-démontrée ».

(b) M. Paul Angellier, *propriétaire de Lédenon*, *écrit à MM. les Membres de la commission.*

« MM. Ayant fait usage du procédé de vinification » de Mlle Gervais, et ayant appris que vous désiriez » en connaître le résultat, j'ai l'honneur de vous prévenir » que la qualité de mon vin fait à l'appareil a une » telle différence sur celui que j'ai fait par l'ancienne » méthode, qu'on me l'évalue de trois à quatre francs » de plus par barral, quoiqu'il ait été fait dans une » cuve neuve, ce qui n'a pas dû contribuer à le » bonifier, et ce n'est donc qu'à l'*Appareil* que je dois » ce grand avantage ».

(c) Procès-verbal de M. Brisse, *Maire de Bellegarde.*

» Cejourd'hui deux Novembre dix-huit cent vingt.

» Nous François Brisse, maire de la commune de » Bellegarde, Chevalier de la Légion d'Honneur, sur » l'invitation qui nous a été faite, de transmettre au « comité nommé par M. le Préfet de ce département, » le résultat des expériences faites dans cette commune, » pour la fabrication du vin, d'après le procédé de » Mlle Gervais, nous nous sommes rendus avec M. » Henri Michel, notre adjoint, assisté de Jean-Gédéon » Paul, commissionnaire en vins, de cette commune, » dans un cellier nous appartenant, où la susdite expé- » rience avait été faite, pour y déguster les vins fabriqués, » par nos soins, d'après la nouvelle méthode et celle

« faite suivant l'ancienne, avec des raisins de la même
» espèce et cueillis en même temps ».

» La dégustation comparative nous a convaincus que
» les vins provenant des cuves auxquelles on avait
» adapté les appareils de M.lle Gervais, étaient d'une
» qualité bien supérieure à celui de la cuve faite d'après
» l'ancienne méthode ; qu'ils étaient plus colorés, de
» meilleur goût, et bien plus spirirueux. Nous avons en
» conséquence fait remplir une bouteille de chacune des
» deux qualités de vin ci-dessus, ainsi qu'une petite
» bouteille de l'alcool extrait de l'appareil, vers les
» derniers jours du cuvage, dont la teinte est extrê-
» mement jaune, et porte le goût d'une eau-de-vie
» grossière et un peu âcre.

» De ce que dessus, nous avons dressé le présent procès-
» verbal, que nous avons signé avec les susnommés ».
A Bellegarde les jour, mois et an que dessus.

MICHEL. G. PAUL. BRISSE, Maire.

CARLE, ainé, Secrét.e.

(d) M. Chapelle, *Officier de l'Ordre Royal de la Légion d'honneur, propriétaire à* S.t-Gervasy, *écrit à* M. Fournier, *membre de la commission de l'Académie, chargée du rapport* :

» Monsieur, j'ai l'honneur de vous transmettre deux
» taupettes, l'une de vin, et l'autre eau-de-vie ; le tout
» provenant de l'appareil de M.lle Gervais, dont j'ai
» fait usage. Je me fais un plaisir, Monsieur, de vous
» dire que le résultat que j'en ai tiré a surpassé mon

» attente, puisque je me trouvais avoir une qualité » de vin bien inférieure à celle de cinq à six parti- » culiers de la commune, et que par l'effet de l'appareil » ma qualité se trouve supérieure à la leur ».

(e) M. ESTANOVE, *maire de* Vauvert, *ayant fait constater par le cubage de ses cuves, l'augmentation de quantité qu'il a obtenue, par l'usage de l'appareil de* M.lle GERVAIS, *sur la méthode ordinaire, a transmis à MM. les membres de la commission la relation du géomètre, ainsi conçue :*

» Comparaison des deux cuves de M. Estanove, l'une » avec appareil et l'autre sans appareil ».

» La cuve avec appareil a » rendu 889 veltes de vin, » faisant 9 muids 79 veltes. » Cette cuve contient 584 » pans cubes, qui d'après » les calculs usités, aurait » dû produire 821 veltes » de vin, faisant neuf muids » onze veltes, ci 9 m. 11 v. » ce qui fait une différence » en plus de soixante-huit » veltes.

» Par conséquent elle a » rendu sept veltes et demi » par muid de plus que » porte son cubage ».

» La cuve sans appareil a » rendu 1065 veltes de vin, » qui font. . . 11 m. 75 v. » cette cuve contient 779 » pans cubes, qui d'après » les calculs usités, aurait » dû produire 1095 veltes, » faisant 12 muids 15 veltes » ci. . . . . 12 m. 15 v. » ce qui offre une différen- » ce en moins de 30 veltes.

» Par conséquent celle-ci » a rendu deux veltes et » demi par muid de moins » que porte son cubage »

» Il résulte de cette opération, que la cuve avec ap- » pareil a produit dix veltes par muid de plus que » celle sans appareil, ce qui offre un neuvième de » produit de plus (*) ».

(*) Ou onze pour cent.

» Je soussigné certifie avoir fait le mesurage des
» deux cuves et le veltage du vin qu'elles ont produit,
» avec la plus scrupuleuse attention ».

» A Vauvert, le 27 Octobre 1820 ».

REY, Signé.

(f) M. Griolet, *de Sommières, écrit à* M. Fournier. *membre de la commission chargée du rapport.*

» M. Je vous adresse deux taupettes cachetées, dont
» l'une N.° 1. contient un échantillon de vin cuvé à
» l'appareil-GERVAIS, et l'autre N.° 2 l'échantillon du
» même vin, cuvé à l'ordinaire ».

» Je dois vous certifier en même temps, Monsieur, que
» 77 cornues (dites lapans) de vendange, ont produit,
» au moyen du susdit appareil, dix tonneaux, tandis que
» la même quantité de vendange (de la même vigne)
» n'a coulé que neuf tonneaux ».

» Vous reconnaîtrez que l'échantillon N.° 1, possède
» une couleur plus *foncée*, et quant à sa qualité, je la
» trouve si supérieure, qu'elle fera maintenant notre
» boisson ordinaire, au lieu que je serai forcé de vendre
» pour la distillation les neuf tonneaux provenant de
» la cuve qui n'a pas joui du bienfait de l'appareil ».

» Il y a eu aussi augmentation de produit au pres-
« sage du marc; celui de la cuve à l'appareil nous
» a fourni deux tonneaux (90 veltes), et l'autre environ
» 70 veltes ».

» Les résultats de l'appareil sont trop avantageux,
» pour que je ne me fasse pas un devoir de les pro-
» clamer et de les rendre publics ».

(g) M. *de* Bonafous, d'Aimargues, *écrit à* MM. *les Membres de la commission.*

» MM. mes occupations ne me l'ayant permis qu'au» jourd'hui, j'ai l'honneur de vous transmettre, avec deux » échantillons de vin, l'un fait à l'appareil, et l'autre » à l'ancienne méthode, le résultat de mes observations. » Je le ferai avec la franchise que je dois à des personnes » qui veulent loyalement la vérité » !

» Je n'ai reconnu aucun avantage pour la couleur. » Quant à la quantité l'avantage est évident ; une cuve » qui coulait 12 muids parfaitement pleine, m'a rendu la » même quantité, malgré que j'y eusse mis un voyage de » vendange de moins, ce qui fait trois tonneaux (*). » Le goût est meilleur, et le vin rend beaucoup plus » d'esprit. J'en ai fait brûler un tonneau de chacun, » (45 veltes) et celui de l'appareil a rendu près *d'une* » *velte* d'eau-de-vie de plus. (**) «

» Un des avantages inappréciable pour les propriétaires » de vins, d'eau-de-vie, c'est qu'il n'y a ni marc aigre » ni gâté, et qu'on peut garder son vin dans la cuve » jusqu'au mois de décembre et plus, sans éprouver la » perte considérable en vin et en marc qu'éprouvent » ceux qui n'ont pas assez de futailles pour entonner leurs » vins Je suis convaincu que le vin dans une cuve sûre, » avec l'appareil, est aussi bien que dans des futailles. «

» Voilà, MM., le résultat de mon expérience, dont » je compte profiter plus en grand l'année prochaine. «

(*) *Un muid et demi, ou 12 1/2 p. 0/0*

(**) *La velte est estimée 20 livres 1/2, petit poids, et un tonneau de bon vin du Midi, produit environ dix veltes d'eau-de-vie.*

(h) MM. DELEUZE FRÈRES, *propriétaires à S.t-Ambroix, écrivent à M.r* Fournier, *membre du conseil nommé par* M.r *le* Préfet, *pour examiner les résultats de l'appareil de* M.lle GERVAIS, *pour la Vinification* :

» M. D'après l'invitation qui nous a été faite, nous » vous faisons passer deux échantillons de nos vins, l'un » fait d'après le nouveau procédé avec nos plus *mauvais* » *raisins*, et l'autre d'après l'ancien. Le procédé de M.lle » GERVAIS nous a donné, en résultat, un bien plus grand » avantage, pour le produit et pour la qualité : des amis » que nous avions à dîner, cinq à six jours après avoir » décuvé, n'ont pu s'imaginer que le vin fait d'après le » nouveau procédé fût un vin de cette année ; il a été » même, dans le repas, préféré aux vins de Bordeaux et » à ceux de la côte du Rhône de 1811 : notre vin a un » bouquet préférable à ceux dont je vous parle ci-dessus.

» Nous ne doutons pas un instant que les plus forts » propriétaires de notre ville n'emploient l'appareil, » pour la récolte prochaine. Vous-même, Monsieur, » vous ferez une bien grande différence sur la qnalité » des deux échantillons ».

Expérience comparative faite à Chelles (Seine et Marne), pour la Société royale et centrale d'agriculture.

Afin de faire convenablement l'expérience comparative de l'appareil de mademoiselle Gervais, nous avons fait mettre dans deux cuves, à côté l'une de l'autre, pareille quantité de vendange de quantité semblable, égrenée le 22 Octobre 1820.

Le vin de la cuve expérimentale a donné en vin de mère-goutte.	14 pièces.
Le 20 Novembre, en vin du pressoir, beaucoup plus spiritueux que par la méthode ordinaire.	2 p., 1/3.
	16 p., 2/3.
Le vin de la cuve, par le procédé ordinaire, a été tiré le 2 Novembre, et a produit du vin de mère-goutte.	12 p., »
Le 5 Novembre, en vin de pressoir. .	2 p., 2/3.
	14 p., 2/3.

TOTAL au moyen de l'appareil produit en plus. . . . 1 p., 2/3 (1).

Ce que nous certifions, ayant fait faire ladite expérience avec soin, afin de pouvoir servir de base à la société d'agriculture du département de la Seine; quant à la quantité nous avons, ainsi que nos vignerons, reconnu que le vin était plus spiritueux que celui fait par la manière ordinaire, et sur-

(1) Ce qui fait sur quatorze pièces *une pièce deux tiers* en plus par la méthode de mademoiselle Gervais.

tout comme nous l'avons déjà observé plus haut, le vin du pressoir (2).

Chelles, ce 20 Novembre 1820.

Signé NAST frères,
Fabricans de porcelaine à Paris, membres de la Société d'Encouragement et de celle Philantropique, etc.; propriétaires à Chelles (Seine et Marne).

LETTRE *de M. le Comte* FRANÇOIS DE NEUFCHATEAU, *ancien ministre de l'Intérieur, membre de l'académie Française, de la Société Royale et Centrale d'Agriculture, de la Société d'encouragement pour l'Industrie Nationale, etc., etc.*

A Mademoiselle ELISABETH GERVAIS.

Paris, le 30 Août 1820.

MADEMOISELLE, j'ai reçu et lu avec attention l'opuscule imprimé, les lettres et autres détails que vous m'avez fait parvenir, relativement au moyen que vous

(2) Les marchands de vin appelés pour déguster et juger de la qualité des vins des deux méthodes, ont reconnu et déclaré que celui fait à l'appareil était plus spiritueux et infiniment meilleur.

avez imaginé pour perfectionner la fabrication du vin, en couvrant la cuve, ou le foudre où l'on met la vendange, d'un appareil qui en protège la fermentation, qui la régularise et qui met à profit tout ce que laisse évaporer la méthode ordinaire, de manière qu'on peut, par votre procédé, réunir ce double avantage d'obtenir plus de vin, et de l'avoir meilleur. J'admire le couvercle, simple et ingénieux, par lequel vous offrez à notre OEnologie cette amélioration et ce supplément de richesse, qu'on avait entrevus, mais qui n'avaient jamais été complètement atteints. Ce que vous proposez est bien fondé en théorie, et me paraît justifié par les nombreux essais qu'on a fait près de Montpellier et qui sont couronnés par le suffrage motivé du savant et digne Préfet du département de l'Hérault, M. le Baron Creusé de Lesser. A vos succès dans le Midi vous désirez, Mademoiselle, d'ajouter ceux du Nord. Vous demandez surtout que la Société Royale et Centrale d'Agriculture examine vos vues, et que son approbation mette, pour ainsi dire, le sceau à vos expériences. Je les lui soumettrai avec empressement ; mais ce ne pourra être qu'au commencement de Novembre, car la Société Royale, actuellement en vacances suivant son réglement, ne peut nommer des Commissaires, ni entendre un rapport avant qu'elle soit rassemblée. Ce retard me fait de la peine; je ne puis y remédier. Il ne m'appartient pas de devancer l'opinion de cette Compagnie, ni de prévoir le prix qu'elle attachera sûrement à votre découverte lorsqu'elle en aura discuté et vérifié l'importance. Je puis vous assurer que la Société Royale prend un vif intérêt à tout ce qui concerne la prospérité des vignobles. Elle a déjà encouragé dans plusieurs séances publiques le choix des meilleurs plants de vignes ou des cépages les plus propres au sol et au climat, leur distribution plus espacée et plus correcte, et d'autres changemens utiles qu'il faudrait introduire et généraliser dans cette branche précieuse de nos propriétés rurales. Si l'on écoutait les conseils de la Société et qu'on travaillât mieux les vignes, il n'y a pas d'année où l'on ne gagnât quinze jours pour la maturité du bois et du raisin. Ce serait une grande avance. On ne pourrait plus répéter cette plainte si vague sur le changement des saisons; car, malgré les intempéries, l'ordre de la nature est plus constant qu'on ne le croit ; mais le travail de l'homme n'y répond pas toujours. La vigne veut beaucoup de soins. Le complément du bien, à l'époque de la vendange, serait d'accréditer l'emploi de votre procédé, qui est heureusement à la portée de tout le monde et qui doit réussir partout. Je ne saurais douter que la Société Royale n'examine avec intérêt la manière dont vous avez résolu le très-grand problème de procurer à la vendange la fermentation, complète et non interrompue, qui est le vrai moyen de faire plus de vin et de l'avoir meilleur. Je pense même que l'idée de votre procédé recevra dans vos mains des applications nombreuses et fécondes..

Le nom d'Élisabeth Gervais sera doublement consacré par la reconnaissance des propriétaires de vignes, et par l'impulsion donnée au zèle des savans. J'y applaudis de tout mon cœur. Je ne suis pas de ces vieillards dont la morosité sinistre.

Toujours plaint le présent et vante le passé.

Sans décrier ni l'un ni l'autre, j'aime à lire dans l'avenir; je prévois les progrès futurs de l'industrie française, et je vous félicite de la part honorable que vous y aurez prise, en ce qui concerne le vin, production privilégiée du climat de la France et qui peut mettre un si grand poids dans la balance du commerce. Si l'on recueille tous les ans trente-six millions d'hectolitres de vin, par votre procédé la liqueur en serait meilleure, et le nombre des hectolitres dépasserait au moins quarante millions; sans compter les *revins*, ou les vins de dépense, qu'on peut faire en jetant de l'eau sur les marcs de la cuve, et que votre appareil bonifiera encore. Un tel accroissement de notre fortune publique ne saurait être vu avec indifférence.

Recevez donc, Mademoiselle, l'assurance du zèle que je mettrai à faire apprécier votre méthode, et l'hommage de la considération respectueuse que je me plais à vous offrir.

Signé le Comte FRANÇOIS DE NEUFCHATEAU.

LETTRE ÉCRITE PAR M. LE COMTE CHAPTAL, *Pair de France, ancien Ministre de l'Intérieur; membre de l'académie Royale des sciences, de l'Institut, etc., etc.*

A Mademoiselle GERVAIS, rue de Choiseul, n°. 4, à Paris.

Amboise, ce 17 Septembre 1820.

Mademoiselle, je viens de recevoir, à la campagne, la lettre et l'ouvrage que vous avez bien voulu m'y adresser.

J'ai à peine eu le temps de parcourir votre intéressant écrit, mais j'ai pu juger votre procédé, et je vois avec plaisir que vous avez résolu un des problêmes les plus importans de l'OEnologie.

Il me paraît mis hors de doute qu'en suivant votre méthode on obtiendra plusieurs résultats très-avantageux : le premier, de retirer un produit plus abondant ; le second, de conserver au vin tout son bouquet ; le troisième, d'augmenter la chaleur de la masse fermentante, de la rendre plus constante et de la garantir de l'influence très-variable de l'atmosphère pendant l'automne; le quatrième, de prévenir l'acidité du chapeau de la vendange.

Je pourrais ajouter qu'en pratiquant votre procédé, on pourra sans crainte laisser clarifier le vin dans la cuve et y subir sa *fermentation insensible.*

Je me plais à vous rendre ce témoignage, par l'intérêt que je prends aux arts, et surtout à celui de l'Œnologie, qui est une des principales sources de la prospérité de notre belle et chère France.

Agréez, Mademoiselle, l'hommage de mes sentimens.

Signé le Comte CHAPTAL.

TABLE

Des Chapitres et Matières contenus dans cet Opuscule.

Fin de la Table.

www.ingramcontent.com/pod-product-compliance
Ingram Content Group UK Ltd.
Pitfield, Milton Keynes, MK11 3LW, UK
UKHW020314180726
13839UKWH00001B/465

9 782329 610252